人工智慧-
素養及未來趨勢

張志勇、廖文華、石貴平、王勝石、游國忠　編著

全華圖書股份有限公司

國家圖書館出版品預行編目資料

人工智慧 : 素養及未來趨勢 / 張志勇, 廖文華, 石貴平, 王勝石, 游國忠編著. -- 二版. -- 新北市 : 全華圖書股份有限公司, 2023.08

面 ; 公分

ISBN 978-626-328-650-4(平裝)

1.CST: 人工智慧

312.83 112013526

人工智慧-素養及未來趨勢

作者 / 張志勇、廖文華、石貴平、王勝石、游國忠

發行人 / 陳本源

執行編輯 / 張曉紜、劉暐承

封面設計 / 楊昭琅

出版者 / 全華圖書股份有限公司

郵政帳號 / 0100836-1 號

印刷者 / 宏懋打字印刷股份有限公司

圖書編號 / 0914001

二版一刷 / 2023 年 09 月

定價 / 新台幣 360 元

ISBN / 978-626-328-650-4(平裝)

全華圖書 / www.chwa.com.tw

全華網路書店 Open Tech / www.opentech.com.tw

若您對本書有任何問題，歡迎來信指導 book@chwa.com.tw

臺北總公司(北區營業處)

地址：23671 新北市土城區忠義路 21 號

電話：(02) 2262-5666

傳真：(02) 6637-3695、6637-3696

南區營業處

地址：80769 高雄市三民區應安街 12 號

電話：(07) 381-1377

傳真：(07) 862-5562

中區營業處

地址：40256 臺中市南區樹義一巷 26 號

電話：(04) 2261-8485

傳真：(04) 3600-9806(高中職)

(04) 3601-8600(大專)

作者序

自從 2016 年 Google 的 AlphaGo 在圍棋對弈上，打敗了世界級棋王之後，人工智慧迅速地引起了人們的注意與廣泛的討論。至今，舉凡在醫療、娛樂、交通、教育、工業製造、物流管理等，幾乎各行各業均可見人工智慧著墨的痕跡，人工智慧儼然已悄悄地進入了我們的日常生活之中，並以作詩、作畫、對答、畫漫畫、看圖說故事、玩遊戲等各種方式來表現其才華。

近年來人工智慧不僅在技術上有顯著的進步與突破，在實務應用上亦是方興未艾。人工智慧的興起，為各行各業，包括教育，帶來不小的衝擊與危機，如何將危機化為轉機並立於不敗之地，也考驗著大家的智慧。然而，當人工智慧被過於炒作時，許多光怪陸離、千奇百怪的說法紛紛出現，對人工智慧產生誤解及錯誤的期待或恐懼，甚至神化了人工智慧。因此，莘莘學子以正確的方式、積極的態度及有效的途徑來認識人工智慧，揭開人工智慧的神秘面紗，是當務之急。「人工智慧」這本書恰巧可以滿足我們對人工智慧的好奇心，對於有興趣的讀者，更可以透過這本書，深入淺出地進一步瞭解人工智慧的觀念、技術、理論、平台工具與產業應用。

這本書是由幾位師兄弟所合著，由於平日一同參加研究生的 Meeting，不斷地透過討論、分享、舉例、驗證、問答攻防與交流等各種方式，將人工智慧的知識從點到線到面，逐步為參與 Meeting 的研究生，建構其人工智慧的知識體系，並以各種易懂的範例及觀念來嘗試詮釋艱澀的理論與計算。因緣際會，透過全華圖書的楊素華副理熱情邀請，因此師兄弟們決定全力投入撰寫這本書。本書共計有八個單元，包括 AI 的起源、應用篇、機器學習分類篇、機器學習分群篇、深度學習篇、進階深度學習篇、生成對抗網路篇及人工智慧的未來與挑戰。這本書的完成，除了五位作者付出大量的時間與努力外，還需要感謝實驗室中的研究生，少了他們的協助，本書的出版便無法如期完成。透過這本書的知識傳達，希望讀者能夠熟悉人工智慧的運作原理，並能掌握人工智慧的技術發展與產業應用，共同為人們的未來打造更優質的生活。

張志勇、廖文華、石貴平、王勝石、游國忠

作者簡介

張志勇教授

淡江大學資訊工程系特聘教授，畢業於中央大學資訊工程系取得博士學位。專長領域為物聯網、人工智慧與數據分析、健康照護等。出版全臺灣第一本《物聯網概論》的書籍，其物聯網作品多次受各電視、報紙、電台與數位媒體報導，並常受邀於科技類雜誌專稿發表物聯網相關評論，指導學生參加經濟部 AIGO 競賽獲全台灣第一名。

廖文華教授

國立臺北商業大學資訊與決策科學研究所教授兼所長，中華民國資訊管理學會監事，畢業於中央大學資訊工程系取得博士學位。專長領域為物聯網、人工智慧、大數據分析、雲端運算和金融科技等。共同指導團隊參加經濟部 AIGO 競賽獲全台灣第一名。曾獲教育部「特殊優秀人才彈性薪資」和科技部「獎勵特殊優秀人才」的獎勵。

石貴平教授

淡江大學資訊工程系教授，畢業於中央大學資訊工程系取得博士學位。專長領域為人工智慧與物聯網、無線網路與行動計算。具多年主持科技部與教育部研究計畫經驗，並獲得科技部補助特殊優秀人才，優秀年輕學者研究計畫。

王勝石教授

龍華科技大學電子工程系教授，畢業於淡江大學資訊工程學系取得博士學位。專長領域為下世代行動通訊網路、物聯網與類神經網路等。曾多次榮獲科技部「大專院校特殊優秀人才」獎勵，並執行教育部資通訊相關之人才培育計畫，以及指導學生獲得全國競賽獎項。

游國忠教授

淡江大學人工智慧學系系主任，畢業於中央大學資訊工程系取得博士學位。專長領域為行動通訊網路、物聯網、機器學習、大數據、深度學習、影像處理等。共同指導團隊參加經濟部 AIGO 競賽獲全台灣第一名。具多年主持科技部與教育部研究計畫經驗。

編輯部序

「系統編輯」是我們編輯方針，我們所提供給您的，絕不只是一本書，而是關於這門學問的所有知識，它們由淺入深，循序漸進。

人工智慧相關的議題歷史悠久，本書將詳盡敘述人工智慧過往的發展和遇到的瓶頸，並說明近年來為何又開始一波新的熱潮，在這波熱潮中，本書內容貼近產業應用，說明 AI 如何應用在各大產業、服務以及新商品與革新。此外，本書亦透過 AI 技術的發展與創新，引導讀者瞭解，隨著人工智慧持續發展，AI 對人們的未來生活可能帶來衝擊與影響。

本書巧妙的運用範例、圖例講解人工智慧的理論與技術，使理論架構變得淺顯易懂，不再因為艱澀難懂的數學公式抹滅了學習的興趣及成就。共有八個單元，包括人工智慧的起源、人工智慧與應用、機器學習是什麼－分類篇、機器學習是什麼－分群篇、深度學習是什麼－淺談篇、機器學習是什麼－探究篇、淺談生成對抗網路及人工智慧的未來與挑戰。

同時，為了使您能有系統且循序漸進研習相關方面的叢書，我們以流程圖方式，列出各有關圖書的閱讀順序，以減少您研習此門學問的摸索時間，並能對這門學問有完整的知識。若您在這方面有任何問題，歡迎來函聯繫，我們將竭誠為您服務

目錄

CH1 人工智慧起源

CH2 人工智慧與應用

CH3 機器學習是什麼－分類篇

CH4 機器學習是什麼－分群篇

CH5 深度學習是什麼－淺談篇

CH6 深度學習是什麼－探究篇

CH7 淺談生成對抗網路

CH8 人工智慧的未來與挑戰

附錄 習題

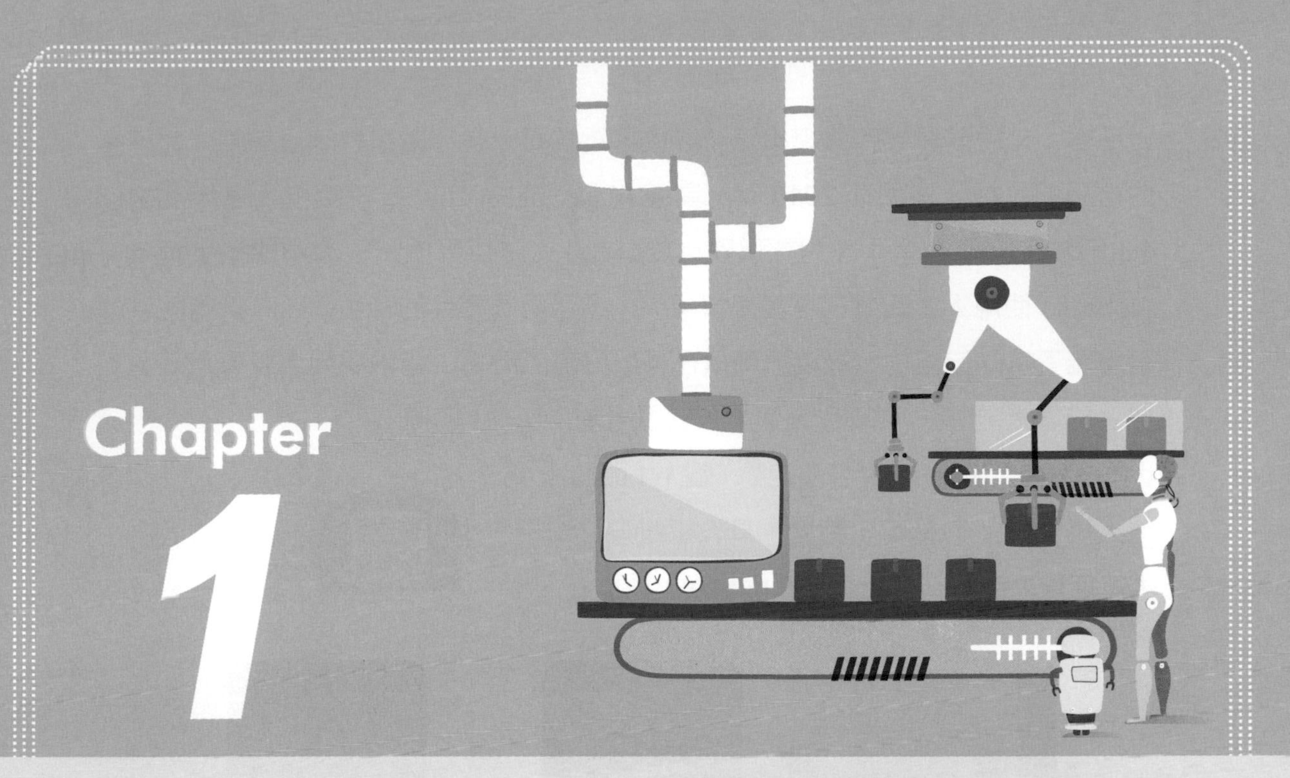

人工智慧起源

前言

人工智慧 (Artificial Intelligence, AI) 真的來了！自從 2016 年 AlphaGo 打敗人類的那一刻起，人工智慧不再只是實驗室的研究對象，儼然成為全球新趨勢，再加上物聯網 (Internet of Things, IoT) 和大數據 (Big Data) 的推波助瀾，更加速了人工智慧的發展，進而創造出人工智慧在全球應用百家齊放的榮景。本書一開始先提到這幾年各式各樣的人工智慧應用，接著說明人工智慧的演進及人工智慧在臺灣的發展，最後以一個簡單的情節勾勒未來可能實現的 AI 生活。

1-1 遍地開花的人工智慧

AlphaGo 電腦戰勝人腦

圍棋這棋藝遊戲相信大家都不陌生，規則雖簡單，但玩法千變萬化，難度遠超過西洋棋，被視為世界上最複雜的棋盤遊戲。雖然 1997 年 IBM 的超級電腦

「深藍」曾擊敗世界西洋棋棋王，但要讓電腦可以進行圍棋對局且獲勝，並不是件容易的事情。然而在 2016 年，具備 AI 能力的 AlphaGo 於圍棋人機大戰中以 4:1 戰勝韓國職業棋士李世乭，隔年更以 3:0 完勝世界圍棋冠軍中國棋士柯潔。AlphaGo 使用人工智慧的深度學習架構，透過兩個獨立的神經網路來判斷對手最有可能下棋的位置，以及自己下棋在某個位置的勝率，這兩場經典棋賽無疑宣告機器的思考能力已可超越人類大腦的思考能力，也為人工智慧帶來無限想像空間，圖 1-1 即為【人機大戰】史上的重要里程碑，具人工智慧之機器人所展現的能力，確實帶給人類相當大的震撼。

▲ 圖 1-1　人工智慧在下棋方面的傑出表現

iPhone 手機辨識人臉

iPhone 不斷的推陳出新，其中 2017 年所發表的 iPhone X 手機中搭載 Face ID 人臉辨識系統，主要用於進行身分驗證，可應用在手機解鎖上。Face ID 的運作靠的是人工智慧技術，也是採用深度學習架構。手機事先透過紀錄用戶的臉部進行訓練，並取得用戶的臉部特徵，當臉部靠近手機時，手機會先判斷是否為臉部，若為臉部，則接下來會進行辨識，以判斷是否為手機用戶。由於 iPhone X 手機採用具有神經網路引擎的先進仿生晶片，因此有能力可以處理臉部判別及人臉辨識的複雜程序。由於人臉辨識帶來的便利性與高安全性，華碩、三星、Google、HTC、小米、華為、OPPO 及 VIVO 等手機大廠，也陸續發表支援人臉辨識功能的智慧型手機。

AI 智慧金融客服

隨著資通訊科技的進步、手機的普及和社群媒體的蓬勃發展，我們可以透過與 AI 聊天機器人 (Chatbot) 互動取得多元化金融服務資訊。玉山銀行於 2017 年推出國內第一個建置在 LINE 和 Facebook 的「玉山小 i 隨身金融顧問」，成為國內人工智慧應用在金融科技領域的重要里程碑。玉山小 i 的對話能力佳，與其對話彷彿跟真人對話一樣，以貸款服務為例，玉山小 i 會透過問答方式取得客戶的基本資料，並即時計算出可貸款額度、貸款利率等資訊，若客戶確定申請貸款，則可以直接在玉山小 i 上留下資訊，跟專員直接聯繫後續的作業。如果想要申辦信用卡，民眾可以先提供自己辦卡的需求，例如：現金回饋、休閒旅遊、百貨公司消費等，接著玉山小 i 會立刻推薦最佳信用卡，並可透過介面上的簡單操作就可進行線上辦卡。

玉山小 i 是玉山銀行與 IBM 共同合作的產品，它採用了機器學習技術，透過不斷的訓練讓自己變的更聰明，此外也採用語意分析技術使自己能理解顧客的問題，並給予正確且適當的回覆。除了玉山小 i 外，台新銀行推出「Rose」、中國信託銀行推出「小 C」以及國泰世華銀行推出「阿發」等智能客服機器人，均為 AI 在金融領域應用開創嶄新的一頁，圖 1-2 即為一些銀行所使用的 AI 聊天機器人。

相關影片

具有 AI 能力的玉山小 i 金融顧問

▲ 圖 1-2 人工智慧應用在臺灣各大銀行的智能客服

AI 智慧音箱

隨著科技的進步，人們的生活越來越便利，語音控制的需求愈趨強烈，因而造就智慧音箱的誕生，例如 2014 年推出的 Amazon Echo、2016 年推出 Google Home、2017 年推出的小米 AI 智慧音箱，以及 2018 年推出的 Apple HomePod，如圖 1-3 所示。智慧音箱除了可以根據我們所在位置和環境狀況聰明的調節音量外，它同時也是一個智慧型語音助理，人們可以透過語音與智慧音箱互動，讓它撥放音樂、撥電話、講故事、提供新聞資訊或購物等，目前在智慧家庭的應用上扮演了很重要的角色。AI 智慧音箱主要導入了語音辨識及自然語言處理等核心技術，並透過深度學習方式訓練大量的數據，因此可以和人們進行有效的溝通。

▲ 圖 1-3　市場中常見的智慧音箱

微軟小冰主持和創作

機器人也可以寫詩、寫歌、唱歌和主持節目喔！微軟在 2014 年推出稱為「小冰」的 AI 聊天機器人，經過幾代的演進，從一開始的主持節目，一直到近期已經可以和人們打電話聊天。小冰可透過文字和語音與人類對話，值得一提的是小冰說話時語句平順，很貼近一般人的說話口氣。小冰在中國主持了好幾個節目，包括擔任天氣報導主播，以及直播新聞等，此外，小冰也會唱歌唷！它和馬來西亞歌手四葉草合唱的《好想你》便是人類和 AI 機器人合唱的創舉。另外，看圖寫詩也是小冰的專長，2017 年小冰出版自己的創作詩集《陽光失了玻璃窗》，如圖

1-4 所示。小冰的創作能力來自於學習以往多位詩人的作品，並使用圖像辨識、神經網路、自然語言處理等人工智慧技術。

▲ 圖 1-4 微軟以人工智慧所創作的小冰詩集
(資料來源：https://www.kingstone.com.tw/new/basic/2018510234400/)

Amazon 無人商店

全球電商龍頭 Amazon 提出無人商店的概念，並於 2018 年在美國西雅圖正式對外營運。這個稱為 Amazon Go 的無人商店運用人工智慧技術，並搭配攝影機和傳感器等設備，可自動追蹤顧客在商店內的消費行為，包含從貨架取出或放回商品、商品種類及顧客移動路徑等。其中貨架商品識別和顧客取 / 放商品的動作辨識則是高度依賴人工智慧的深度學習技術。此外，美國跨國零售企業沃爾瑪 (Walmart) 也於 2019 年在美國紐約推出人工智慧零售店，稱為智慧零售實驗室 (Intelligence Retail Labs，簡稱 IRL)，與 Amazon Go 一樣，IRL 中也安裝相機，但不同的是 IRL 使用相機的目的是監視貨架上商品的庫存狀況，以便及時通知服務人員進行補貨，或是更換放置過久的商品 (例如：生鮮食品)。另外，Walmart 還希望利用人工智慧來判斷商品是否被擺錯貨架，以及商店入口處的購物車數量是否足夠。

Google 無人車上路

說到自動駕駛，大家都會直接聯想到特斯拉 (Tesla) 吧？但你知道其實特斯拉並不是完全的自動駕駛嗎？它只有在特殊情況下 (例如：高速公路) 才能自動駕駛。為了發展自動駕駛汽車，Google 在 2009 年開始一個稱為 Waymo 的計畫，研發出來的無人駕駛汽車於 2012 年取得一張合法車牌，2016 年 Waymo 從 Google 獨立出來成為一家自動駕駛汽車公司。為了減少因錯誤辨識造成的事故，自駕車必須能夠自主辨識車輛、行人、號誌、樹木及障礙物的能力，Waymo 便是利用神經網路所建構的人工智慧模型完成這些工作，甚至預測其他駕駛者的行為以決定自己接下來的行為 (例如：鬆開油門踏板降低車速、改變行駛方向等)。Waymo 已於 2017 年正式商業化，在美國進行有限度的載客，至 2018 年底也推出自駕叫車服務 Waymo One，圖 1-5 說明 Waymo 自駕車主要元件的運作和功能。

▲ 圖 1-5　Google 推出的自動駕駛車

天網智能監控系統

大家有沒有想像過只要輸入某個人的照片，系統馬上就可以鎖定到他的位置，並顯示在畫面上，這種以往只能在電影出現的情節已經實現在我們的生活中。中國已經在全國 10 多個省市的火車站、飯店、商場等公眾場所，以及地鐵、巴士、計程車等交通工具架設近 2 億個監視器，並利用人臉辨識等人工智慧技術建立一個稱為「天網」的全國監控系統。值得一提的是在 2018 年張學友演唱會現場，公安逮捕好幾十名的逃犯，此乃因為演唱會的入口都有裝設監視器，所有參加演唱會的人都被拍下來，天網系統將這些人臉與資料庫資料做比對，因此只要有通緝犯經過監視器的拍攝範圍，馬上就會被系統發現。一位外國記者為了挑戰天網系統的能力而進行一項實驗，結果記者約七分鐘後就被公安攔下，這是因為天網系統具備強大的臉部辨識能力，以及快速的處理能力。

AI 廚師烹飪

機器人搬運貨物甚至煮咖啡已經不稀奇了！日本豪斯登堡於 2018 年正式引進一種稱為 Octo Chef 的自動化機器人攤車 (如圖 1-6)，希望透過 Octo Chef 幫遊客烹煮美味的章魚燒來創造差異化以吸引遊客，並精簡人力。其實要製作好吃的章魚燒頗有難度，原因在於表皮熟度會影響成品的口感及風味，要準確拿捏翻面時間點便成為章魚燒製作過程的關鍵步驟。

◀ 圖 1-6 日本豪斯登堡內的章魚燒機器人
(資料來源：https://www.huistenbosch.co.jp/aboutus/pdf/180719_htb08.pdf)

Octo Chef 以人工智慧學習章魚燒的製作過程，利用機器手臂將需要的麵糊注入章魚燒鐵模中進行烹煮，烹煮過程透過鏡頭擷取食品的圖像，並運用深度學習的圖像識別技術檢查章魚燒的熟度，並決定適當的翻面時間。Octo Chef 是由日本 Connected Robotics 公司所研發的 AI 機器人，除了 Octo Chef，該公司也研發出可製作冰淇淋的機器人，以及可製作炸雞塊等炸物的烹飪機器人，如圖 1-7 所示。

▲ 圖 1-7　人工智慧應用在食物烹飪 (資料來源：https://kknews.cc/tech/e9nqqeq.html)

相關影片

Octo Chef 機器人製作章魚燒

相關影片

製作冰淇淋的機器人

相關影片

調理炸物的機器人

麥當勞得來速點餐

不論是麥當勞或星巴克的得來速 (Drive-Thru)，還是肯德基的點餐車道，目的都是為了讓顧客可以不用花費尋找停車位的時間並步入店內，便可以快速取得餐點。不過大家應該有這樣的經驗，點餐車道常在用餐時段或是假日時大排長龍，原因可能是顧客不熟悉餐點商品、付款找零或是服務人員做促銷，以致於每輛車的服務過長。以麥當勞為例，他們正打算把語音辨識技術導入得來速服務中，顧客對著具有語音辨識的電子看板點自己想要的東西 (如圖 1-8)，這樣可以減少顧客等待的時間，進而大幅縮短點餐時間，也可以節省員工的工作量，對公司和顧客來說算是雙贏的模式 [1]。目前也在測試讓電子看板充分利用機器學習技術，可以彙整以往的商品銷售數據、天氣、當地交通等資訊，並推薦顧客當下適合的餐點。例如：寒冷的日子裡，它會建議顧客來一杯熱騰騰的拿鐵咖啡，當得來速大排長龍時，它會引導顧客選擇剛剛製作完成或是備餐較快的餐點。

▲ 圖 1-8　顧客在得來速的 AI 電子看板前方點餐

(資料來源：https://image.cnbcfm.com/api/v1/image/106120223-1568063945835gettyimages-1133268650jpeg?v=1572888868&w=630&h=354)

Google 智慧化搜尋

根據 SimilarWeb.com 網站的數據，Google 仍為全球最受歡迎及使用率最高的搜尋引擎，市占率約超過 90%。身為搜尋引擎龍頭的 Google 也隨著人工智慧的演進推出更多樣化的搜尋功能，從最早期根據使用者輸入關鍵字的文字搜尋，進一步推出使用 AI 自然語言處理技術的語音搜尋，此時使用者可以對著電腦或手機說話，裝置會將接收到的語音內容上傳到伺服器進行辨識，伺服器再根據辨識的結果進行搜尋。此外，Google 又推出圖片搜尋，這種搜尋功能也是採用人工智慧技術，並搭配圖像分析方式理解圖片中的重要項目，因此可以呈現使用者欲搜尋的圖案或文字之關聯內容的搜尋結果。圖 1-9 分別呈現 Google 搜尋引擎提供之語音和圖片之智慧化搜尋功能。

▲ ▲圖 1-9 Google 語音搜尋和圖片搜尋之智慧化功能

1-2 人工智慧的發展

近年人工智慧發展最重要的一件大事便是 2016 年 Google 的 AlphaGo 戰勝韓國職業棋士，這件事震驚全球，也讓大家開始好奇，這個具備人工智慧的 AlphaGo 是怎樣誕生的呢？其實 AlphaGo 並非突然出現，它只是人工智慧發展過程中的一項產物，本書將人工智慧發展歷程概分為誕生期、成長期、重生期、進化期四個階段 (如圖 1-10)，接下來，就讓我們進入時光隧道，回顧人工智慧的發展歷程吧！

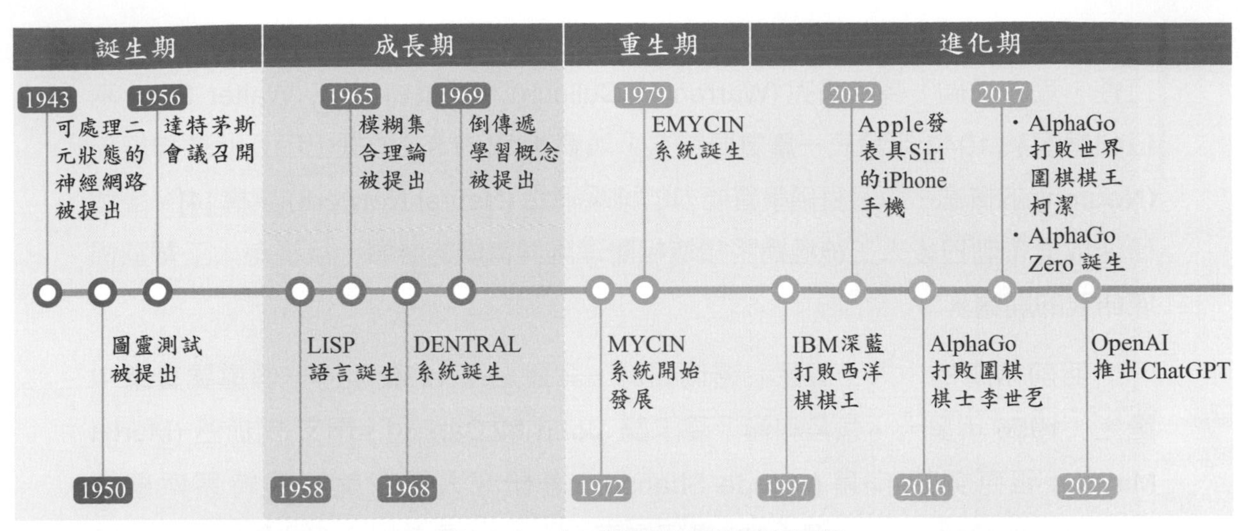

▲ 圖 1-10 人工智慧發展的重要歷程

誕生期

談到人工智慧的發展，我們不得不提到艾倫 · 圖靈 (Alan Turing)，他是一位英國的數學家，同時也是位科學家 [2]，為了要判斷機器夠不夠聰明 (也就是機器是否具有智慧)，艾倫 · 圖靈在 1950 年發表《機器會思考嗎？》(Can Machines Think?）的文章，提出一個稱為「圖靈測試」(Turing Test) 的試驗方法 [3]，這個方法主要是在判斷機器夠不夠聰明，是否具備「智慧」可跟人類進行對話，也就是說，如果一台機器能夠與人類進行對話，而且不會被人類辨別出是一台機器的話，那麼這台機器就算通過測試。由於圖靈測試日後已成為測試機器是否具備智慧的重要準則，因此被視為是人工智慧發展歷程的一個重要里程碑，此外為了表彰艾倫 · 圖靈的貢獻，我們也尊稱他為「人工智慧之父」。

▲ 圖 1-11 艾倫 · 圖靈 (1912~1954) (資料來源：https://en.wikipedia.org/wiki/Alan_Turing#/media/File:Alan_Turing_Aged_16.jpg)

其實早在圖靈測試被提出之前，已有科學家開始研究機器模擬人類智慧的可行性，其中沃倫．麥卡洛克 (Warren McCulloch) 和沃爾特·皮茨 (Walter Pitts) 兩位科學家於 1943 年發表一篇重要論文，如圖 1-12。論文中提出二元狀態神經元 (Neuron) 的概念，以及具備學習能力的神經網路 (Neural Network) 架構 [4]，這個研究成果帶動日後人工神經網路領域相關理論與實驗的發展，被視為人工智慧領域研究的開端。

目前常講的「人工智慧」這個名詞，其實是在 1956 年的一個重要會議中誕生。1956 年夏天，包含約翰．麥卡錫 (John McCarthy)、馬文·閔斯基 (Martin Minsky) 和克勞德·向農 (Claude Shannon) 等研究人員在美國達特茅斯學院 (Dartmouth College)(如圖 1-13) 舉行會議，圖 1-14 是參與這次會議的人員，當時他們所關注的是要讓機器展現人類的智慧，因此在會議中討論許多人工智慧理論，更重要的是這次會議正式將「人工智慧」定義為一個新學科，圖 1-15 為該次會議的紀念牌匾。

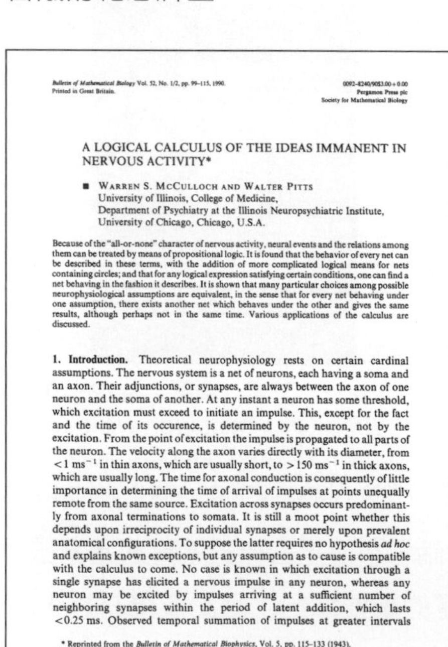

Bulletin of Mathematical Biology Vol. 52, No. 1/2, pp. 99–115, 1990.
Printed in Great Britain.

0092-8240/90$3.00 + 0.00
Pergamon Press plc
Society for Mathematical Biology

A LOGICAL CALCULUS OF THE IDEAS IMMANENT IN NERVOUS ACTIVITY*

■ WARREN S. MCCULLOCH AND WALTER PITTS
University of Illinois, College of Medicine,
Department of Psychiatry at the Illinois Neuropsychiatric Institute,
University of Chicago, Chicago, U.S.A.

Because of the "all-or-none" character of nervous activity, neural events and the relations among them can be treated by means of propositional logic. It is found that the behavior of every net can be described in these terms, with the addition of more complicated logical means for nets containing circles; and that for any logical expression satisfying certain conditions, one can find a net behaving in the fashion it describes. It is shown that many particular choices among possible neurophysiological assumptions are equivalent, in the sense that for every net behaving under one assumption, there exists another net which behaves under the other and gives the same results, although perhaps not in the same time. Various applications of the calculus are discussed.

1. Introduction. Theoretical neurophysiology rests on certain cardinal assumptions. The nervous system is a net of neurons, each having a soma and an axon. Their adjunctions, or synapses, are always between the axon of one neuron and the soma of another. At any instant a neuron has some threshold, which excitation must exceed to initiate an impulse. This, except for the fact and the time of its occurence, is determined by the neuron, not by the excitation. From the point of excitation the impulse is propagated to all parts of the neuron. The velocity along the axon varies directly with its diameter, from $<1\ ms^{-1}$ in thin axons, which are usually short, to $>150\ ms^{-1}$ in thick axons, which are usually long. The time for axonal conduction is consequently of little importance in determining the time of arrival of impulses at points unequally remote from the same source. Excitation across synapses occurs predominantly from axonal terminations to somata. It is still a moot point whether this depends upon irreciprocity of individual synapses or merely upon prevalent anatomical configurations. To suppose the latter requires no hypothesis *ad hoc* and explains known exceptions, but any assumption as to cause is compatible with the calculus to come. No case is known in which excitation through a single synapse has elicited a nervous impulse in any neuron, whereas any neuron may be excited by impulses arriving at a sufficient number of neighboring synapses within the period of latent addition, which lasts <0.25 ms. Observed temporal summation of impulses at greater intervals

* Reprinted from the *Bulletin of Mathematical Biophysics*, Vol. 5, pp. 115–133 (1943).

99

▲ 圖 1-12 沃倫．麥卡洛克 (Warren McCulloch) 和沃爾特·皮茨 (Walter Pitts) 發表的 AI 研究論文部分內容

▲ 圖 1-13 達特茅斯學院
(資料來源：https://www.semanticscholar.org/paper/The-Dartmouth-College-Artificial-Intelligence-The-Moor/d4869863b5da0fa4ff5707fa972c6e1dc92474f6)

1956 Dartmouth Conference:
The Founding Fathers of AI

John MacCarthy

Marvin Minsky

Claude Shannon

Ray Solomonoff

Alan Newell

Herbert Simon

Arthur Samuel

Oliver Selfridge

Nathaniel Rochester

Trenchard More

▲ 圖 1-14　達特茅斯會議參與人員，上排由左至右前三位分別是約翰．麥卡錫、馬文·閔斯基和克勞德·向農（資料來源：https://www.sciencedirect.com/science/article/pii/B9780128191545000230）

◀ 圖 1-15　達特茅斯會議紀念牌匾（資料來源：https://www.semanticscholar.org/paper/The-Dartmouth-College-Artificial-Intelligence-The-Moor/d4869863b5da0fa4ff5707fa972c6e1dc92474f6）

成長期

經過達特茅斯會議的正名後，人工智慧開始蓬勃發展，也創造出 AI 史上的第一波熱潮。這個時期的發展重點是人工智慧程式語言和演算法，主要的目的是要解決特定問題。1958 年，約翰．麥卡錫發展出一套稱為 LISP 的程式語言 [5]，LISP 使用大量函數及具備符號結構等特性，而且程式語法為人們易於理解的高階語言，因此很快便成為人工智慧研究中最受歡迎的程式語言，至今仍被廣泛使用。基於 LISP 語言對人工智慧的發展有著非常重要的貢獻，因此約翰．麥卡錫於 1971 年獲頒被稱為計算機界諾貝爾獎的圖靈獎。

這個時期的另一項重要發展為語言理解，美國麻省理工學院於 1964 年發展出一套稱為 ELIZA 的對話程式，它可以說是目前對話型聊天機器人的始祖唷！ELIZA 是一位心理治療師，利用簡單的對話規則和人們聊天，而且會根據人們所提出問題中的關鍵字，採用匹配原則來回覆預先設定好的句子，圖 1-16 為 ELIZA 與人類的對話過程。雖然可和人類對話，但以目前 AI 的觀點來看，其實 ELIZA 的對話和理解能力算很遜，但在當時 ELIZA 的出現確實讓人們對人工智慧的發展充滿希望。

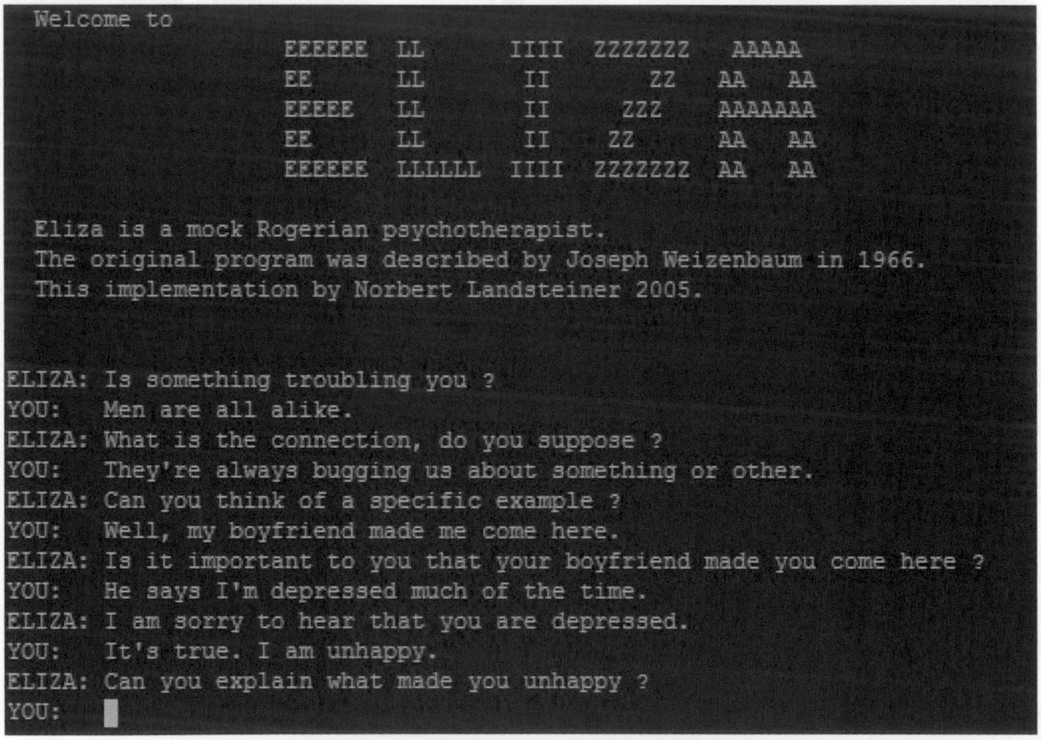

```
  Welcome to
                    EEEEEE  LL      IIII  ZZZZZZZ   AAAAA
                    EE      LL       II       ZZ   AA   AA
                    EEEEE   LL       II     ZZZ    AAAAAAA
                    EE      LL       II    ZZ      AA   AA
                    EEEEEE  LLLLLL  IIII  ZZZZZZZ  AA   AA

  Eliza is a mock Rogerian psychotherapist.
  The original program was described by Joseph Weizenbaum in 1966.
  This implementation by Norbert Landsteiner 2005.


ELIZA: Is something troubling you ?
YOU:   Men are all alike.
ELIZA: What is the connection, do you suppose ?
YOU:   They're always bugging us about something or other.
ELIZA: Can you think of a specific example ?
YOU:   Well, my boyfriend made me come here.
ELIZA: Is it important to you that your boyfriend made you come here ?
YOU:   He says I'm depressed much of the time.
ELIZA: I am sorry to hear that you are depressed.
YOU:   It's true. I am unhappy.
ELIZA: Can you explain what made you unhappy ?
YOU:
```

▲ 圖 1-16　ELIZA 與人類的對話過程
(資料來源：http://www.le-grenier-informatique.fr/medias/images/eliza-title.jpg)

前面提到這個時期人們熱衷於探究特定問題，例如：電腦走迷宮、西洋棋比賽等，而要解決這些問題主要靠的是演算法，也就是用來處理資料或解決問題的程序，其中搜尋演算法 (Searching Algorithm) 便是這個時期應用在解決特定問題的最重要技術。搜尋演算法的運作概念很簡單，就是從資料中找到符合問題的條件或特性的資料，也就是最後的答案。以西洋棋比賽為例，電腦必須考慮對手可能回應的所有狀況找出最好的下棋點。值得一提的是 1966 年史丹佛大學開發世界上第一個通用移動機器人 SHAKEY(如圖 1-17)，它具備邏輯推理的能力，能夠推理自己的行為進而控制自己身體的動作。SHAKEY 的程式是採用 LISP 語言，而尋找行走路徑所使用的策略便是搜尋演算法。

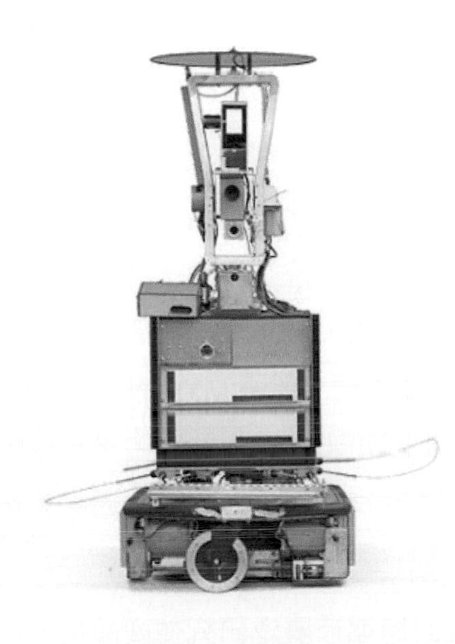

相關影片

SHAKEY 機器人的學習 (Learning) 和規劃 (Planning) 試驗

◀ 圖 1-17 世界上第一個通用移動機器人 SHAKEY 機器人 (資料來源：https://www.sri.com/hoi/shakey-the-robot/)

人們在成功解決上述的問題後，便試圖想去解決更複雜的問題，例如：疾病治療及診斷，此期間許多研究人員也陸續提出知識表達、學習演算法、神經計算等多種新穎的想法，以及開發出相關的應用，其中 1968 年誕生的 DENTRAL 便是一個重要的里程碑 [6]。DENTRAL 是由 LISP 語言撰寫，利用規則 (Rule) 表示領域專家的化學分析專家系統，因此被視為是世界上第一個成功的專家系統。然而，許多當時被認為可以解決的問題，人們後來才發現並非如此，這是因為在解決問題的過程中，若可能的狀況增加時，計算複雜度也會隨之增加，因此要處理高複雜度的真實問題時，需要的計算時間和儲存空間會使得程式運作效率變得更差，就算是具備更快速計算能力及大量記憶體的機器，仍不容易解決這類問題。此外，由於整個人工智慧的發展不是很順利，美國和英國等政府停止挹注研究資金，使得許多研究計畫被迫暫停或取消，於是人工智慧的發展進入到第一個寒冬。

重生期

DENTRAL 的成功帶動專家系統的發展，1970 年初期開始發展的 MYCIN 便是一個使用規則推論引擎 (Rule-based Inference Engine)，並以 LISP 語言撰寫的專家系統 [7]。MYCIN 中所有領域知識主要是以 IF-THEN 規則表示，可用來診斷血液中是否存在傳染病的細菌，然後根據診斷結果對病人開不同種類的抗生素，儘管 MYCIN 的診斷正確率約只有 65%，但已經比許多專家醫生的診斷正確率還高。接著發展的 EMYCIN(Empty MYCIN) 系統能力比 MYCIN 更強大，它和 MYCIN 仍是採用推論引擎技術，但 EMYCIN 的知識庫中並沒有任何規則，開發人員可在處理問題時根據該領域的知識去新增或刪除相關規則，讓系統更具彈性。

儘管如此，專家系統是建構在領域專家的知識上，因此專家系統只能針對解決單一應用進行開發，也就是說應用在醫學診斷的專家系統並沒辦法應用到其他領域的問題。此外，由於系統是用規則來表達專家知識，因此專家知識是否充足將影響系統成效，舉例來說，如果病患同時感染其他疾病，那麼 MYCIN 的診斷結果有可能會是錯誤的。另一個問題是要將所有專家的知識建構在系統中是一件困難的事情，而且專家系統無法從經驗中學習，因此要發展一套專家系統通常要花費很多時間和人力。

模糊集合理論 (Fuzzy Set Theory) 概念也在此時期被廣泛研究並商品化，例如洗衣機、洗碗機、冷氣機等家電產品。模糊理論是由美國加州大學柏克萊分校 L. A. Zadeh 教授於 1965 年所提出，此理論主要是將問題中的模糊概念以量化方式處理 [8]。其實在生活中常使用模糊的概念表示一些事情或現象，像「這本書很重」、「今天空氣不錯」、「這次考試有進步」。舉一個具體的例子，今天溫度 25℃算熱嗎？這個問題可看成是分類問題，如果使用明確集合的概念，那麼答案只有一個，也就是「熱」或「不熱」。但如果採用模糊集合理論，也就是用模糊的概念表示，那麼我們可以說「熱的程度是 0.3」，「不算熱的程度是 0.7」，這兩個數值便是模糊集合理論用來表示屬於某類別的程度。

前面提到神經計算模型的概念已於 1970 年前被提出，但當時並沒有適當的硬體設備可將這些概念實現，直到 1980 年左右，由於個人電腦的興起以及神經科學的進步，人們開始嘗試利用神經網路解決一些問題，也陸續發展出多種神經網路模型。此外，深度學習 (Deep Learning) 的概念也在當時被提出，進而發展出倒傳遞學習 (Back-propagation Learning) 技術，這個技術也衍生出目前被廣泛應用的卷積神經網路 (Convolutional Neural Network，CNN)。儘管當時將倒傳遞學習技術應用於小規模神經網路能得到不錯的效果，但此技術並不適合應用在多層神經網路中。由於運作在多層神經網路需要更複雜的處理，當時電腦的運算能力實在無法負荷，此外，進行深度學習需要大量的資料，但由於當時資料嚴重不足，進而降低了深度學習的成效，也因此人工智慧面臨第二個寒冬的到來。

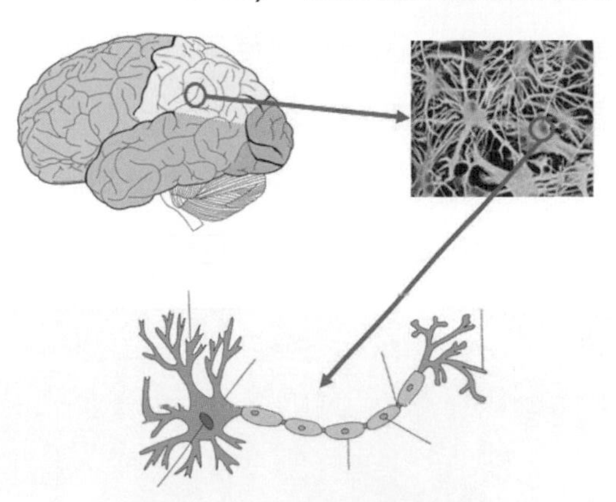

▲ 圖 1-18　人腦神經元的運作

進化期

1997 年 IBM 發展一個超級電腦「深藍」(Deep Blue)(如圖 1-19)，它打敗當時世界西洋棋棋王加里 · 卡斯帕洛夫 (Garry Kasparov)(如圖 1-20)，也讓人們對人工智慧的能力重新燃起了希望。深藍超級電腦的成功，其中一個原因是它的運算能力很強，每秒可運算 2 億步棋，因此可以搜尋及預測對手之後的 12 步棋 (比一般西洋棋好手多 2 步棋)，另一個原因是它輸入棋手們的兩百多萬個對局內容，吸取他們以往的落敗經驗來增強對奕功力。

▲ 圖 1-19　IBM 的超級電腦深藍
(資料來源：https://static.scientificamerican.com/sciam/cache/file/A2BDA7F7-A70D-4ED9-A87A1B431C04F357_source.jpg)

▲ 圖 1-20　IBM 深藍挑戰世界西洋棋王
(資料來源：https://static.scientificamerican.com/sciam/cache/file/A2BDA7F7-A70D-4ED9-A87A1B431C04F357_source.jpg)

「深藍」之後，IBM 於 2011 年推出新一代的超級電腦「華生」(IBM Watson)，如圖 1-21，後來華生參加益智問答節目「Jeopardy!」與人類進行問題搶答，這是該節目人機對決的首例。有別於深藍，華生能夠理解人類語言，且具備分析能力，因此可以使用自然語言來回答問題。此時，Apple 公司也開始將 Siri 語音助理軟體搭載在智慧型手機內，其中第一款發售的是 iPhone 4s，然而當時自然語言處理能力尚嫌不足，因此 Siri 與人們交談的回應較單調，只有幾種答案，不過現在的 Siri 已經更能理解人們的問題，並給予適當的回答。

▲ 圖 1-21　IBM 超級電腦華生
(資料來源：https://watson2016.com/_images/ibm_watson_photo.jpg)

相關影片

IBM 華生參加益智問答節目

相關影片

Apple 的 Siri 語音助理軟體

電腦運算速度不斷提升及網際網路蓬勃發展帶來大量的數據資料，開啓人工智慧的另一波發展，並持續到今日，其中深度學習是一個重要的關鍵技術。為了發展深度學習技術，曾擔任 Google 首席人工智慧科學家的李飛飛與團隊成員，透過各種方式收集影像資料，並於 2007 年開始創建 ImageNet 影像資料庫，近年來視覺辨識最具權威的國際電腦視覺辨識競賽 (ILSVRC) 便是使用 ImageNet 資料庫。值得一提的是 2012 年獲勝者 Alex Krizhevsky 設計的 AlexNet 則是採用深度學習架構，得到約 15% 的辨識錯誤率 (如圖 1-22)，雖不及人類辨識的極限 (錯誤率為 5~10%)，但跟前一年獲勝者使用的模型比較，辨識正確率有很明顯的改善，這個重大進步使得大家對深度學習的能力刮目相看，日後獲勝隊伍所設計的創新神經網路模型也多以深度學習為核心技術。

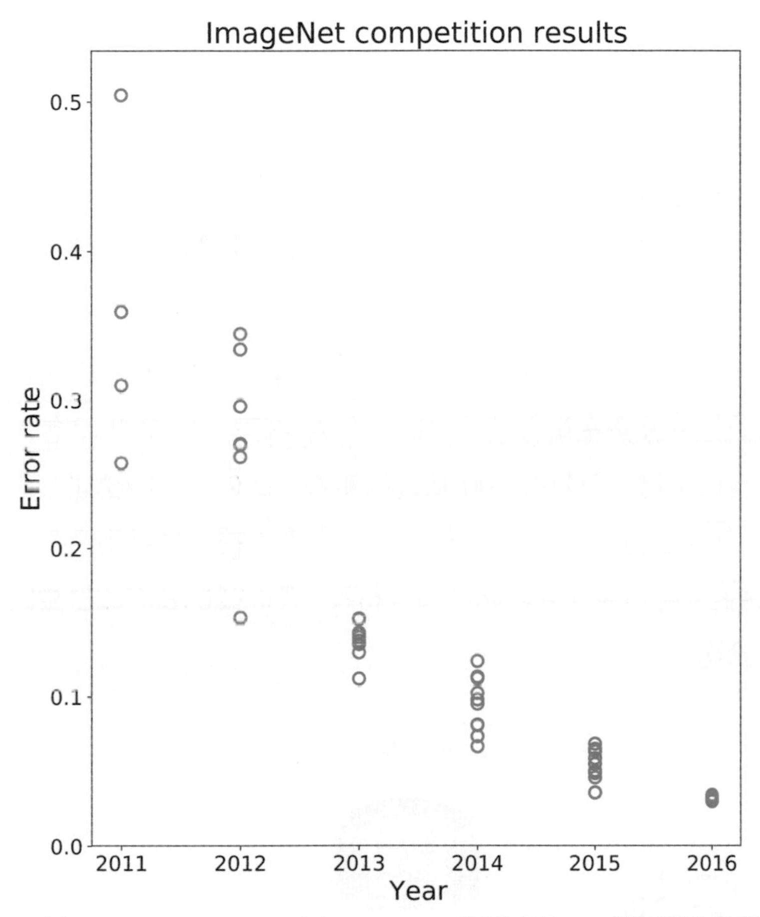

▲ 圖 1-22 2011~2016 年 ImageNet 挑戰賽前 10 名團隊的最佳結果
(資料來源：https://commons.wikimedia.org/wiki/File:ImageNet_error_rate_history_(just_systems).svg)

相關影片

AlphaGo 是如何戰勝圍棋高手李世乭

相關影片

AlphaGo Master 戰勝世界圍棋棋王柯潔

2016 年 3 月，Google DeepMind 團隊開發的人工智慧圍棋軟體 AlphaGo 以 4 比 1 的成績擊敗南韓頂尖職業棋士李世乭，轟動全球，隔年進化版的 AlphaGo(或稱為 AlphaGo Master) 挑戰世界圍棋棋王柯潔，又以 3 比 0 獲得壓倒性的勝利，柯潔也在落敗後提到：「它是一個可怕、冷靜、完美的對手！」、「我只能猜測出它一半的棋，另外一半是我猜不到的，這就是我和它的巨大差距。」，至此正式宣告機器的演算法可以勝過人腦的思維。基本上，AlphaGo 的核心技術為深度學習，藉由參考棋士歷史棋譜，並使用搜尋演算法尋找最佳的下棋點。至於 2017 年的 AlphaGo Zero 則不參考棋譜，僅透過與自己對奕的強化學習 (Reinforcement Learning) 方式進行自我訓練，其成效非常驚人，只用了三天便以 100 比 0 的成績贏過 2016 年版的 AlphaGo，只需 21 天便可與 AlphaGo Master 具備相同的能力。

2016 年起，許多公司紛紛加強擁抱 AI 的力度，蘋果、亞馬遜、臉書、Google、微軟及 IBM 等六家科技業重量級公司合組一個 AI 聯盟 [9]，藉此促進 AI 技術的研發與 AI 應用的推廣，迄今已超過 100 個公司加入。此外，中國騰訊、百度、阿里巴巴等科技業巨頭，也逐步強化 AI 的佈局，主要投入在智慧城市、無人車、金融等領域，至於靠著人臉辨識技術崛起的商湯科技，則於 2018 年成為當時全球市值最高的 AI 創業公司。

相關影片

阿里巴巴、騰訊、百度積極發展 AI

2022 年底，OpenAI 公司的 ChatGPT 橫空出世，ChatGPT 代表的生成式人工智慧 (Generative AI) 也掀起了全球熱潮。ChatGPT 的核心技術為生成式自然語言處理，採用自然語言與人類進行互動，可以根據輸入的文字內容自動生成文章、歌曲、詩詞等，也可以根據輸入的問題自動生成答案，甚至可生成電腦程式。ChatGPT 的興起也帶動了生成式人工智慧的各類工具及應用，例如：Playground AI (官方網站：https://playgroundai.com/) 便是一操作簡單且功能完整的 AI 繪圖工具，我們可以透過“下指令”的方式生成圖片，也可以在生成圖片中新增或刪除物件，此外還可根據使用者的需要產生生成圖片使用的模型，以及調整圖片大小或解析度。除了 Playground AI 的生成圖片功能外，我們還可使用 Pictory (官方網站：https://pictory.ai/) 來生成影片，Pictory 使用人工智慧技術，能夠分析輸入的文字內容，並選擇與輸入文字有關的圖片和音樂，自動生成影片。

2022 年在網路上播出的《Nothing, Forever》可算是 AI 生成的一個節目，這個節目主要使用了機器學習和生成演算法等相關技術，生成的項目包含角色的對話、角色的移動、場景的長度、鏡頭的長度和方向、節目中的音樂等。

本小節的最後彙整人工智慧誕生期、成長期、重生期及進化期四個階段的重要事件，如表 1-1。

相關影片

《Nothing, Forever》節目

相關影片

Playground AI 如何生成圖片

相關影片

Pictory 如何生成影片

▼ 表 1-1 人工智慧發展歷程及各階段重要事件

階段	年份	重要事件
誕生期 (1943 年～ 1956 年)	1943	Warren McCulloch 和 Walter Pitts 提出具備可處理二元狀態神經元，且具有學習能力的神經網路模型。
	1950	Alan Turing 提出圖靈測試 (Turing Test)。
	1956	達特茅斯會議正式定義人工智慧為一門新學科。
成長期 (1956 年～ 1970 年初期)	1958	John McCarthy 提出 LISP 人工智慧程式語言。
	1958	John McCarthy 提出結合知識表達與推論的 Advise Taker 電腦程式。
	1959	Allen Newell 等人開發出解決一般性問題的 GPS 的解題程式，並成功解決河內塔問題。
	1965	L.A. Zadeh 提出模糊集合理論。
	1966	世界上第一個通用移動機器人 SHAKEY 誕生。
	1968	世界上第一個成功的專家系統 DENTRAL 誕生。
	1969	倒傳遞 (Back-propagation) 學習概念被提出。
重生期 (1970 年初期～ 1990 年初期)	1972	MYCIN 系統開始發展。
	1975	Marvin Minsky 提出框架式知識表達的概念。
	1979	EMYCIN 系統誕生。
	1982	Hopfield 神經網路和自我組織映射圖網路 (Self-Organizing Map，SOM) 被提出。
	1988	多層前饋式神經網路 (Mulit-layer Feedforward Neural Network) 神網路模型被提出。
進化期 (1990 年初期迄今)	1997	IBM 超級電腦「深藍」打敗世界西洋棋棋王。
	2007	ImageNet 影像資料庫開始建立。
	2011	IBM 超級電腦「華生」誕生，具備自然語言處理能力。
	2012	蘋果公司推出 Siri 語音助理軟體，並搭載在 iPhone 4s 智慧型手機。
	2012	AlexNet 於 ILSVRC 競賽脫穎而出，大幅提高圖像辨識的正確率。
	2016	AlphaGo 以 4:1 戰勝南韓頂尖圍棋棋士李世乭。
	2017	AlphaGo Master 以 3:0 打敗世界圍棋棋王柯潔。
	2017	AlphaGo Zero 誕生，能力遠超過 AlphaGo 和 AlphaGo Master。
	2022	OpenAI 推出 ChatGPT 生成式人工智慧聊天機器人。

1-3 人工智慧 @ 臺灣

人工智慧在臺灣的發展起源於語音識別與合成，1980 年代李琳山教授鑽研相關技術的研究，後來也研發出漢語語音合成系統。而比較廣為人知的是臺灣在電腦象棋對局的研究，1981 年《人造智慧在電腦象棋的應用》的學位論文 [10] 可視為臺灣發展電腦象棋對局之濫觴，之後許舜欽教授於此領域的全心投入，其團隊開發出的軟體多次贏得世界象棋程式冠軍頭銜，因此被稱為「臺灣電腦象棋教父」。此外，IBM 於 1997 年開發出的深藍超級電腦，研發團隊成員中就有一位是台裔美國人喔！

不可否認，目前全球搜尋引擎龍頭非 Google 莫屬，其運作也已導入人工智慧技術。其實早在 1995 年左右網際網路發展之初，為了提供較佳的資訊搜尋服務，像是奇摩站 (圖 1-23)、蕃薯藤 (圖 1-24) 等入口網站便如雨後春筍般紛紛成立，而這些網站均採用 Openfind 中文搜尋引擎，Openfind 搜尋引擎的前身是由臺灣發展搜尋引擎第一人的中正大學吳昇教授團隊於 1995 年研發完成的 GAIS(圖 1-25)，GAIS 一推出後便迅速成為國內搜尋入口網站龍頭，甚至 2002 年所發表的改良版 GAIS 使用的技術更勝過 Google。

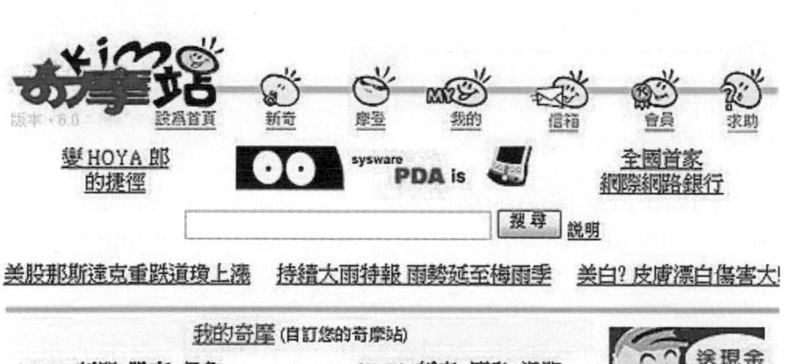

◀ 圖 1-23 奇摩入口網站首頁
(資料來源：https://e.share.photo.xuite.net/winnie199064/1ec09eb/11600361/545473538_m.jpg)

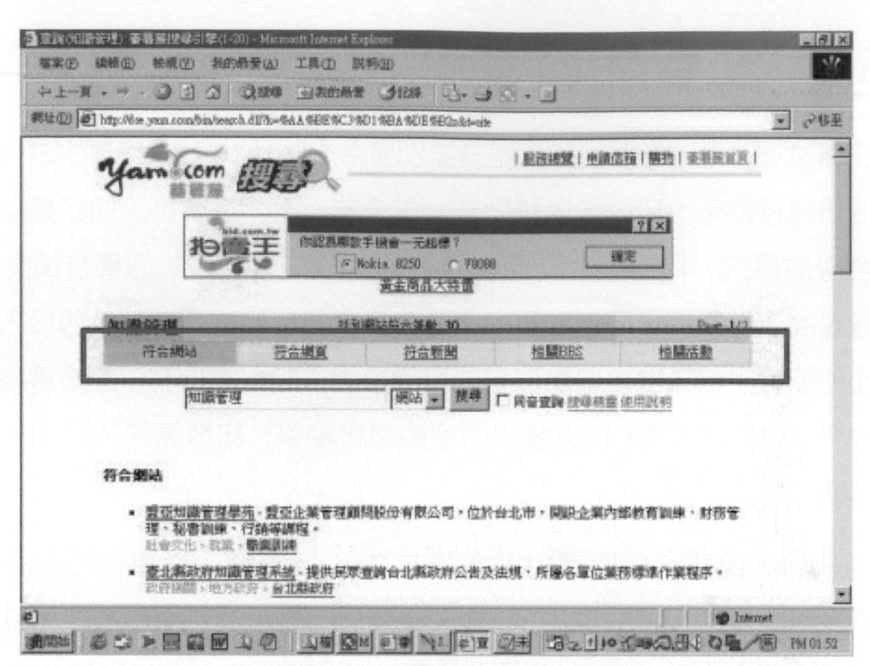

▲ 圖 1-24　蕃薯藤入口網站首頁

（資料來源：https://www.lis.ntu.edu.tw/~pnhsieh/courses/informationpower/images/4-3-3.jpg）

▲ 圖 1-25　GAIS 入口網站首頁

（資料來源：http://163.28.10.78/content/junior/computer/tp_lc/project/unit06/images/gais.gif）

前面提到基於深度學習架構的 AlphaGo 於 2016 年成為第一個打敗世界頂尖職業圍棋九段棋士的電腦，此新聞一舉登上科學界最頂尖的《Nature》雜誌封面（圖 1-26），值得一提的是來自臺灣的黃士傑博士是這篇文章的其中一位作者，也是 AlphaGo 核心技術的主要貢獻者之一，隔年黃士傑博士更強化了 AlphaGo 的能力，並推出不需事先參考棋譜且只能夠透過與自己對奕進行強化的 Alpha Zero，其相關研究亦再次被刊登在《Nature》雜誌。

2017 年發行的《人工智慧來了》這本書讓臺灣民眾對於人工智慧有更進一步的認知，也開啓各領域與行業應用人工智慧的風潮 [11]。作者李開復先生在書中闡述人工智慧的發展歷史，並根據他們在此領域的專業告知人工智慧帶來的變革，以及會面臨到的挑戰，最後也提到未來人工智慧時代的可能機遇。

▲圖 1-26　AlphaGo 戰勝世界頂尖職業圍棋棋士的新聞舉登上《Nature》雜誌封面
(資料來源：https://pbs.twimg.com/media/CZzDlI4WIAAk42M.jpg)

國內人工智慧人才的培育也在近幾年受到關注與重視，教育部於 2018 年推動「人工智慧技術及應用人才培育計畫」，這個計畫包含建構 AI 課程地圖與推廣 AI 科普知識、運用開源平台和資料、鼓勵學生參與 AI 競賽，目的是希望培育具備實務技術與應用能力的跨領域 AI 人才，以支援產業發展所需。此外，為了將 AI 向下扎根，及早引入 AI 教育培育 AI 時代的人才，教育部將人工智慧納入最新的 12 年國教新課綱中的「資訊科技」課程，並邀請專家學者與授課教師共同完成 AI 教材。另外，鴻海教育基金會也集結多位國內大學知名人工智慧領域教授於 2019 年發行了一本《人工智慧導論》[12]，這本書被定位是人工智慧高中版補充教材，對於國內教育界造成不小的轟動。

為了掌握 AI 發展契機，政府除宣示 2017 年為臺灣 AI 元年外，並於 2018 年開始推動「臺灣 AI 行動計畫」，其中經濟部工業局也配合政府政策積極推動「AI 智慧應用新世代人才培育計畫」，此計畫是以 5+2 產業及服務業創新需求為導向，透過多樣化的運作策略與行動方案，培養產業智慧化技術整合及創新應用人才，厚植國內 AI 人才實力及加速產業 AI 化。此外，科

相關影片

臺灣人工智慧學校校長
孔祥重院士開學典禮致詞

技部則是以「小國大戰略」的思維推動人工智慧，訂定研發服務、創新加值、創意實踐、產業領航及社會參與五項推展策略，分別包含建構 AI 研發平台、設立 AI 創新研究中心、打造智慧機器人創新基地、啓動半導體射月計畫及推動科技大擂台。

2017 年由中央研究院主導成立的「人工智慧學校」則是國內學術界、研究單位及產業界首次攜手合作所建構的平台，此平台提供 AI 專業師資授課、AI 人才媒合、AI 技術顧問諮詢等服務，對 AI 有興趣的人可利用此平台學習 AI 知識、進行互動交流、洽談產業合作等，目的是希望能快速且系統化培育國內 AI 人才，並導入人工智慧於產業界，以達到產業升級與轉型的目標。

1-4　AI 創造的未來生活

在一個週五的早上，躺在床上的小明聽到耳邊傳來一個溫柔的聲音：「小明，現在已經 7 點了，快起床盥洗、吃早餐，然後準備上班囉！」，此時小明睜開眼睛，映入眼簾的是管家機器人 Rui，小明馬上回答：「Rui 早安，我要起床囉！」

Rui 一看到小明起床後，馬上問小明：「小明，冰箱裡面的食材可以做火腿蛋吐司、豬排蛋餅和鮪魚鬆餅，你今天早餐想吃什麼呢？」，小明回答：「我想吃火腿蛋吐司。」此時 Rui 已經瞭解小明的回覆內容，便轉身前往廚房準備製作火腿蛋土司的材料。

小明下床後，先到浴室刷牙和洗臉，完畢後走進廚房，此時看到 Rui 已經將火腿蛋吐司的材料都準備好放在桌上，於是小明迅速拿起這些材料製作火腿蛋吐司。當小明正在享用美味的早餐時，突然聽到 Rui 的提醒：「小明，請在二十分鐘內用完早餐，然後開車出發去上班，否則可能會遲到喔！」，當下小明迅速吃完火腿蛋吐司，接著帶上隨身物品後便走向車庫。當小明快抵達車庫時就聽到後面傳來 Rui 的聲音：「小明等一下，你忘了戴上手錶。」小明轉身後便看到 Rui 拿著手錶往自己靠近，小明一拿

到手錶後便進入車庫。在快抵達自己的愛車時，車門自動打開，在小明進入車內後車門便自動關上。

在前往公司的路上，小明突然看到路邊一家義大利麵店的招牌，想到明天週末放假可以在家煮義大利麵來吃，於是拿起手機拍下義大利麵的照片後傳給 Rui。「義大利麵看起來很不錯唷！不過家裡還缺少義大利麵條、雞蛋和番茄。」原來 Rui 根據小明傳送的義大利麵照片辨認出製作這款義大利麵所需要的食材，並提醒小明。於是小明決定下班後先到超市買完材料後再回家。

當小明抵達公司，牆上的攝影機辨認出小明是公司員工後，大門便立刻開啓，此時攝影機旁的喇叭發出「小明早安，你的鞋帶鬆了，請記得繫上。」的聲音，聽到這麼親切的問候語，也讓小明的心情變得更加愉悅。

小明走到自己的座位後一坐下，一台載著文件的無人搬運車從遠處慢慢靠近，它送來一些要給小明處理的文件，小明拿起文件並很驚訝地說：「哇！有泰文的文件，還好有 Google 翻譯可以幫忙，真是謝天謝地。」，於是小明開啓電腦，並使用 Google 翻譯迅速將文件處理完畢。

午後休息時間，小明走進公司的茶水間想要喝杯熱咖啡，一抵達觸控點餐機前便聽到一個溫柔的聲音：「小明下午好，一樣來杯無糖的熱拿鐵嗎？今天有新推出的抹茶泡芙，要來一份嗎？」，小明點頭說「好」並繼續點餐，在取走餐點後，便找了一個空位坐下並享用。

小明一邊享用著熱拿鐵咖啡和抹茶泡芙，一邊上網瀏覽網路書店看看是否有一些感興趣的新書，經過十多分鐘瀏覽，最後選擇李開復先生撰寫的《人工智慧來了》這本書。由於小明對這個網路書店的購書流程並不是很清楚，於是透過與網站聊天機器人進行互動問答，終於瞭解詳細的付款和物品運送等流程。

下班後，小明開著車子到超市購買製作義大利麵的材料，當抵達超市附近並停好車後，小明帶著環保購物袋下車進入超市，並依序拿了雞蛋、義大利麵條、番茄，另外還買了一瓶牛奶準備當明天早餐喝，然後就直接走出超市。當一離開超市，小明的手機立刻響起簡訊的聲音，簡訊內容即為剛剛購買的物品清單、物品單價及總金額，確認物品和金額無誤後小明就開車準備回家。

當小明回到家下車時，Rui 便開啓大門說道：「小明，歡迎回家。你看起來好像很累，要不要先去洗個澡呢？」，略顯疲態的小明回答：「今天上班確實是有點累，好吧，那我先去洗澡，東西就交給你處理了。」，Rui 發出很有信心的聲音：「沒有問題，放心交給我，你去洗澡吧！」，Rui 馬上取走小明帶回的義大利麵食材，並在小明洗澡時將這些食材放入冰箱內的特定位置。

享用完晚餐後的小明走進客廳坐在沙發上，此時電視機自動開啓，機上盒直接跳到這陣子小明喜愛的頻道，而且客廳的冷氣機也自動開啓，並調整到小明平常感覺最舒服的溫度。

晚上十點左右，小明覺得睏了，於是起身走向臥室，此時客廳的電視機和冷氣機自動關閉了。小明在床上打開手機看了一下明天的行程，之後便放下手機並閉上眼睛，此時臥室的燈光漸漸變暗，小明也慢慢地進入夢鄉。

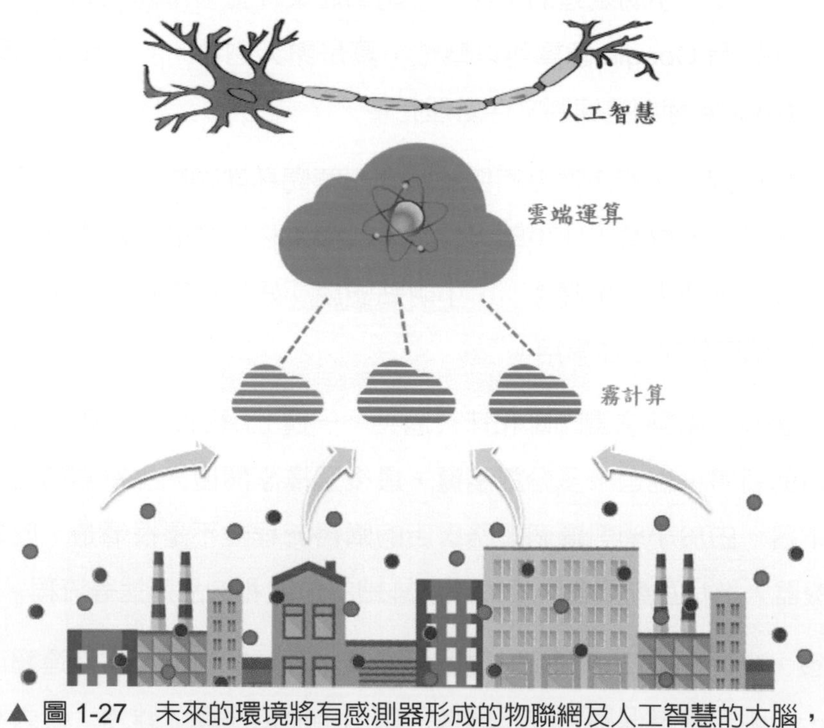

▲ 圖 1-27 未來的環境將有感測器形成的物聯網及人工智慧的大腦，對我們的生活進行無所不在的服務

參考資料

[1] Heather Haddon (2021), McDonald’s Tests Robot Fryers and Voice-Activated Drive-Throughs. Available at: https://www.wsj.com/articles/mcdonalds-tests-robot-fryers-and-voice-activated-drive-throughs-11561060920?reflink=desktopwebshare_permalink (Accessed: 15 April 2021).

[2] Alan Turing (2021), Wikipedia, Available at https://en.wikipedia.org/wiki/Alan_Turing (Accessed: 18 April 2021).

[3] Turing test (2021), Wikipedia, Available at https://en.wikipedia.org/wiki/Turing_test (Accessed: 30 April 2021).

[4] McCulloch, W. S. and Pitts, W. (1943), ‘A logical calculus of the ideas immanent in nervous activity’. Bulletin of Mathematical Biophysics, 5, pp. 115-133.

[5] LISP (2021), Wikipedia, Available at https://zh.wikipedia.org/wiki/LISP (Accessed: 3 May 2021).

[6] Lindsay, R. K., Buchanan, B. G., Feigenbaum, E. A. and Lederberg, J. (1993). ‘DENDRAL: A case study of the first expert system for scientific hypothesis formation’. Artificial Intelligence, 61(2), pp. 209-261.

[7] Melle, W. v. (1978). ‘MYCIN: a knowledge-based consultation program for infectious disease’. International Journal of Man-Machine Studies, 10(3), pp. 313-322.

[8] Zadeh, L. A. (1965). ‘Fuzzy sets’. Information and Control, 8(3), pp. 338-353.

[9] Partnership on AI (2021), The Partnership on AI. Available at: https://www.partnershiponai.org/research-lander/ (Accessed: 6 May 2021)

[10] 張躍騰，人造智慧在電腦象棋的應用，臺灣博碩士論文知識加值系統，網址：https://hdl.handle.net/11296/362z87&searchmode=basic。

[11] 李開復 , 王詠剛，人工智慧來了，天下文化，民國 106 年。

[12] 鴻海教育基金會，人工智慧導論，全華圖書，民國 108 年。

Note

Artificial
Intelligence
Literacy
And
The Future

人工智慧與應用

2-1 影像處理

影像處理是指對圖像進行分析、加工和處理，使其滿足視覺、心理或其他要求的技術。影像處理的應用非常廣泛，包括治安、交通、醫療、國防及娛樂等多元場域。如今隨著人工智慧、深度學習、機器學習與視覺演算法等關鍵技術日益精進，影像處理技術已融入我們的日常生活，使生活品質和效率大幅提升。在本章節中，首先將介紹影像處理的主要功能，然後針對目前應用最為廣泛的影像辨識技術介紹其主要應用。

2-1-1 影像處理的功能

影像處理是一門研究如何使機器「看」的科學，更簡單的說，它是使用攝影機和電腦代替人眼對目標進行辨識、跟蹤和測量的機器視覺，並進一步做圖像處理，用電腦處理人眼觀察到的事物。目前，影像處理技術多是從圖像或者多維資料中取得「資訊」的人工智慧系統。影像處理的功能，主要分成四類：分類、目標物定位、目標物偵測和畫面分割。

分類 (Classification)

它是透過機器學習，判斷結果是屬於哪一種類別的方法。如圖 2-1 所示，當輸入貓或狗的照片時，電腦會對輸入照片進行判斷，接著輸出機率來分析輸入圖片是貓還是狗的照片。影像辨識屬於分類問題，照片內的物件可以是人臉、動物或物體，不同的物件將對應到不同的應用。

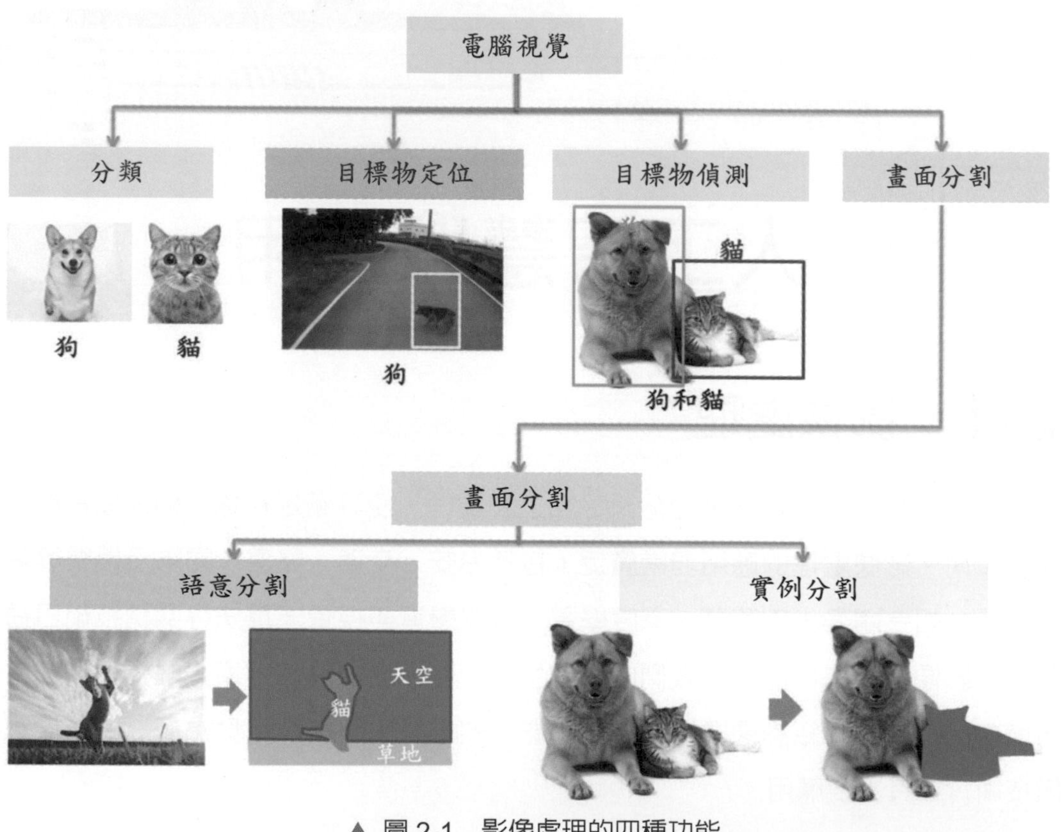

▲ 圖 2-1　影像處理的四種功能

目標物定位 (Object Localization)

目標物定位是找出感興趣的對象其邊界的過程。目標定位與目標偵測非常相似，唯一的差別是目標定位是僅關注一個主要對象，而目標定位的本質上是負責

處理邊界框 (bounding box)，通常邊界框會圍繞目標物並繪製的一個封閉矩形，且邊界框由四個屬性來表示：X 軸、Y 軸、高度及寬度。如圖 2-1 所示，將圖片中的狗用一個邊框標示出來。

目標物偵測 (Object Detection)

目標物偵測是對多個目標進行定位與追蹤，用於檢測數字圖像和視頻中特定的對象。目標物偵測已廣泛運用在視頻監控，自動駕駛汽車和人物追蹤中。目標檢測可定位目標物是否存在圖像中，如果有檢測到目標物，就在該目標的周圍繪製邊框。如圖 2-1 所示，將感興趣的狗和貓，從圖片中偵測並標示出來。

畫面分割 (Segmentation)

有可分為語義分割及實例分割兩大類，如下：

1. **語義分割 (Semantic Segmentation)**

   語義分割也可當作是圖像分類，其目的是將圖像中的每個像素連接到類別標籤的過程。這些標籤可以是動物、植物、天空、草地，也可以是車輛、馬路、人類。如圖 2-1 所示，將圖片中各種不同的物體，包括天空、貓及草地分割出來。

2. **實例分割 (Instance Segmentation)**

   實例分割可以檢測輸入圖像中的對象，將它們與背景隔離，並根據其類別對它們進行分組，並且檢測相似對象群集中的每個單獨對象，並為每個對象繪製邊界。如圖 2-1 所示，針對貓從圖片中偵測並將其分割出來。

2-1-2 車牌辨識

在臺灣，汽車和摩托車已經是日常生活不可或缺的代步工具，這些車輛都會掛著屬於自己的身份證——車牌，由於車牌具有唯一性和不重複性，因此可以透過分辨車牌來找出這輛車是什麼車、誰的車、是摩托車還是汽車等。

車牌辨識有著許多的應用，以下分別介紹日常生活中常見的應用。首先，最常見的是停車場應用，知名量販店家樂福，在車輛停入停車格的時候進行拍照，並將此停車格設置成有車輛正在使用，以便即時掌握空車位的資訊，並導引其他車輛進入尚未被佔用的空停車位，接著，該系統將已經拍攝的車牌照片上傳至雲端，利用 CNN 進行車牌照片的影像分析，再將結果存入資料庫，如此一來就可以知這台車輛的停車位置，消費者透過賣場內的車輛查詢機，輸入車牌號碼，即可知道車輛的停放位置。

另外，如圖 2-2 所示，一些付費停車場，會在車輛駛進和駛離停車場時，對車牌進行拍照，並將其上傳雲端，利用 CNN 進行車牌影像分析，並將車牌與進入時間記錄起來，駕駛可以在繳費機上輸入車牌直接繳費，由於駕駛輸入車牌的時間扣掉進入時間，就是停車的時長，因此可輕易計算停車費，並透過繳費機來收費，這樣的方式，取代傳統的領取停車代幣的動作，在車輛離開停車場時，業者也可以透過車牌辨識系統，對車子拍照並即時比對記錄的車牌資料，找到進入的車牌資料後，再確認消費者是否有完成繳費。

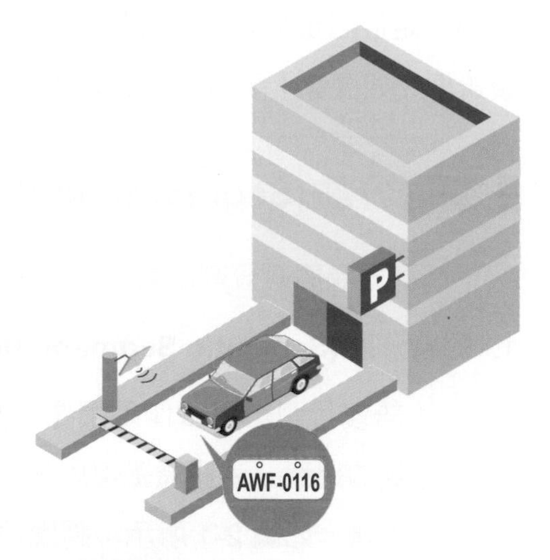

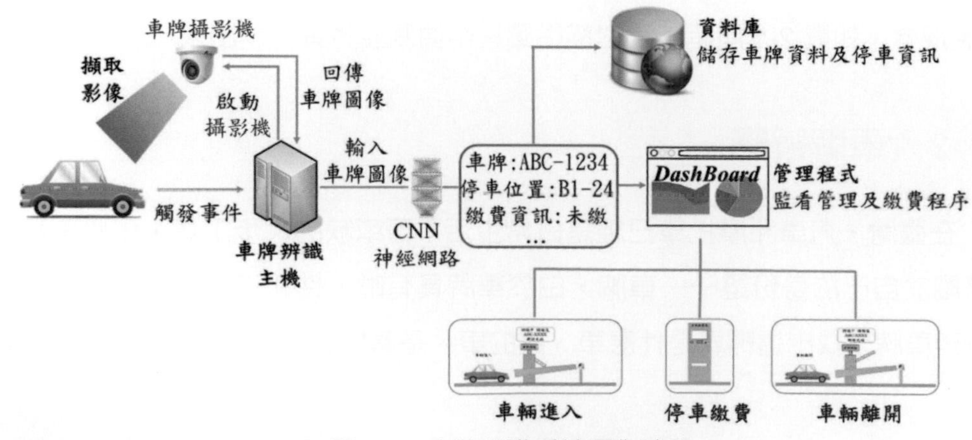

▲ 圖 2-2　車牌辨識系統運作流程

除了無人停車場的管理外，另一個例子是找出贓車的應用，很多停車場常常會有來路不明的車輛，一停就是好幾天，或是路邊會有久停不動的車輛，這種車是贓車的機率很高，如果能有效辨識贓車車牌，將可大大的尋獲遺失的車輛。警員巡邏時可以利用行車紀錄器拍攝路上車輛的車牌，將照片回傳雲端，透過 CNN 進行影像分析，獲得車牌號碼後，在資料庫中比對遺失車輛的車牌資料，如照到相同的車牌資料，立即通報員警進行查緝，可以有效利用行車紀錄器和車牌辨識系統來打擊犯罪。

然而 CNN 的影像辨識並非所有的影像都可以辨識，在車牌辨識方面，辨識的成果會受到拍照的角度影響，正常人拍照時都是照物體的正面，而車牌是在車子的下緣，因此拍攝車牌照片的時候，車牌的照片會是一個傾斜的照片，送到 CNN 進行辨識時會有辨識角度的問題。在停車場的應用中，可以在每一個停車位適當的位置裝設照相機，如此一來可以解決拍照角度的問題，但是每一個停車位都要一台相機，架設相機的成本需要評估，因此成本又成另一個課題。在車牌辨識系統帶給我們生活方便的同時，也碰到了許多問題，像是角度問題、成本問題等，不過這些問題我們都可以透過很多方法解決，所以車牌辨識系統還是一個很好的趨勢。

攝影機拍攝完車牌的照片後，會送到系統的後端電腦進行處理，首先會將車牌照片進行去除背景，獲得文字和數字的部分，接著將文字和數字進行分割，將每一個英文字和數字各自分離。這些英文和數字的圖片將送入已訓練完成的 CNN 網路，CNN 網路將會提取這些英文字和數字的特徵，經過特徵比對，知道這些英文字和數字分別是什麼，再經過原本的順序拼湊回去完程車牌辨識。

2-1-3 人臉辨識

現今的人類的辨識系統正確率已相當高，系統對人臉圖片的觀察，取出其特徵，包括臉型、皮膚、眼睛、鼻子、嘴巴、耳朵或眉毛等，每個人臉的特徵都不同，因此，人類的辨識系統可以透過這些不同的臉部的特徵來辨識每個人的身份。對於電腦而言，辨識的能力也隨著人工智慧的發展而越來越強，人臉辨識大致的流程，首先，如圖 2-3 所示，透過相機拍攝臉部的許多照片，並將每張照片標記好其相對的人名，然後利用 CNN 來對分類人臉進行訓練，在訓練的過程中，CNN 神經網路會抓取人臉五官的特徵，藉由這些五官的各種角度進行表情的特徵比對。例如：輸入 1000 張笑臉的照片到 CNN 神經網路中，CNN 會提取這些笑臉的特徵進行訓練，諸如嘴角上揚、眉毛彎曲等。經過訓練之後，CNN 模型即可將需要辨識的照片提取特徵，與訓練時的特徵進行比對，因此，CNN 有能力辨識的照片情緒為何。

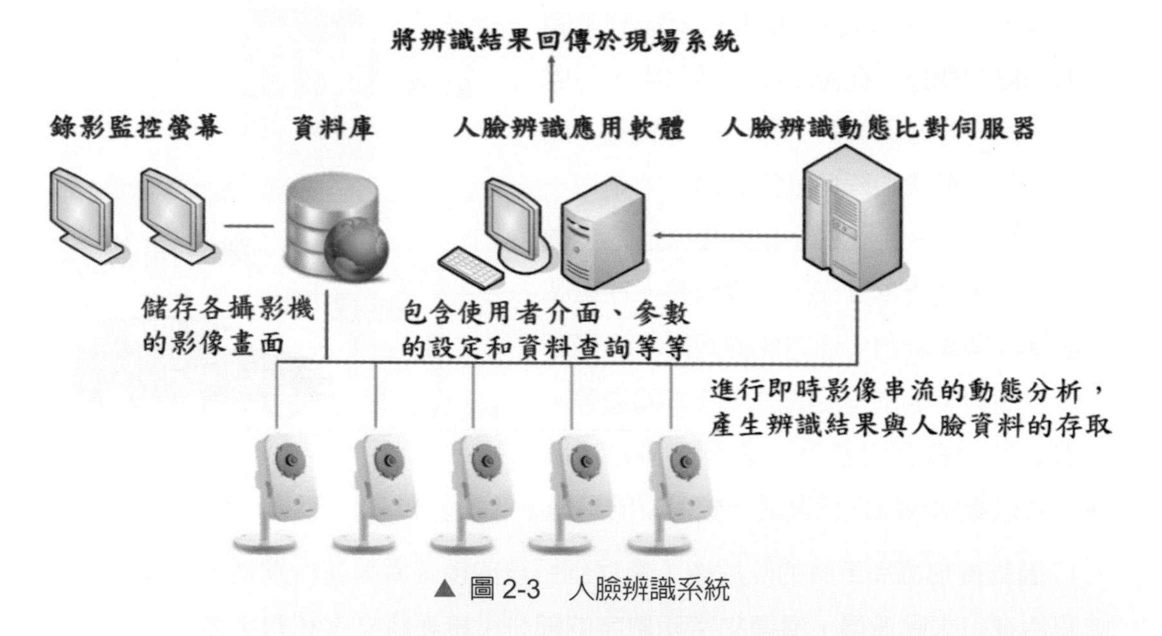

▲ 圖 2-3 人臉辨識系統

以下介紹一些日常生活常見的例子來了解人臉辨識上的應用，首先是海關出入境的應用，出國旅遊登機時，要先經過海關的身份驗證，海關設有快速通關的通道，方便旅客查驗身分，要使用快速通關，首先必須先向櫃台辦理快速通關，並提供照片和個人資料，只需辦理一次，日後即可每次都使用快速通關，旅客抵達快速通關通道，只需要對著快速通關通道上的攝影機看幾秒鐘，攝影機會拍攝旅客的臉部照片，透過人臉辨識系統，比對拍攝的照片與辦理快速通關提供照片相似度，即可確認旅客的身份，可以減少等待海關人員查驗身份的時間。

（資料來源：台新銀行）

第二個例子是門禁的應用，一些高級的大廈，門口設有門禁管理，建商會在大廳入口處設一套人臉辨識系統，在住戶要求進入大廳的時候，辨識系統會拍攝人臉的照片進行影像辨識，並將拍攝的照片與住戶入住時登記的照片進行比對，即可確認住戶身份，人臉辨識系統也可以有效增加社區大廈的安全性，如果是陌生人在社區附近徘徊，被人臉辨識系統拍攝到多次，系統會發出警訊通知警衛，保護居民安全。

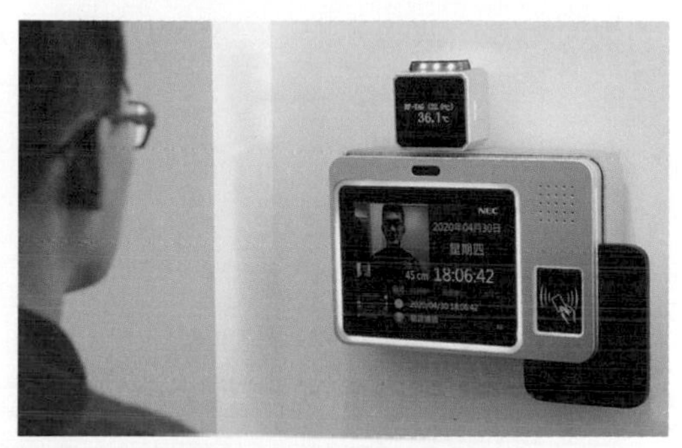

（資料來源：NEC Taiwan）

第三個例子是上班打卡的應用，在公司的大門口處架設人臉辨識系統，公司的員工上班時可以透過人臉辨識系統拍照打卡上班，人臉辨識系統拍攝的照片會立即與員工登記的照片進行比對，確認身份後即可完成打卡程序；同理下班時也可透過人臉辨識系統進行身份確認打卡下班，如此一來人臉辨識系統可以節省上下班的打卡程序，提高工作效率。

不過人臉辨識系統也有一些執行上遇見的困擾，如果人臉照片的數量不夠多，很容易造成辨識上的錯誤，例如：王先生上班要打卡，結果人臉辨識系統辨認成正在請假度蜜月的陳先生，造成公司人資部門的管理問題。這個問題較容易克服，只要在人臉辨識系統登入資料的時候，要求用戶提供數量夠多的人臉照片即可，當然這些照片僅僅是提供人臉辨識系統使用，讓它有個比對的資料，一旦人臉辨識系統記下用戶的人臉特徵，立即刪除這些照片，可以避免隱私權的問題，達到有效辨識又不洩漏隱私。

2-1-4 情緒辨識

喜怒哀樂形於色，人類臉部有許多表情，透過這些表情可以知道這個人是開心、憤怒、沮喪等，因此透過攝影機拍攝人類臉部的表情特徵的照片，再將其透過人為標記，記錄該照片是開心、憤怒或沮喪，再將這些照片透過 CNN 進行圖像分析，提取每種情緒特徵，進而建構出一套情緒辨識系統，如圖 2-4 所示。

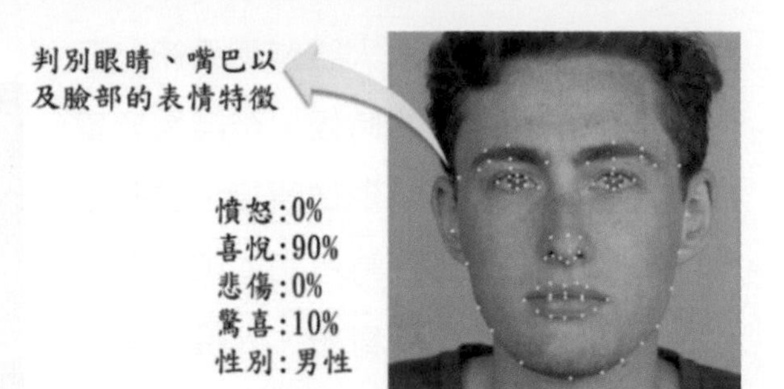

▲ 圖 2-4 情緒辨識

以下介紹一些日常生活常見的例子，來了解影像辨識在情緒辨識上的應用，第一個是行車監測的例子，有許多客運司機一天要開很多班次的車，短程的話有機會可以休息；長程的司機，因為車途過長，在行車的過程中沒有休息的機會，很容易發生疲勞駕駛的問題。為了解決這個問題，可以在駕駛座位上架設一個情緒辨識系統，利用情緒辨識系統持續監測司機的表情，一旦出現疲勞的表情，立刻發出警報聲以提醒司機，或是通知公司立刻讓司機休息，藉此減少疲勞駕駛帶來的損傷。

第二個例子是用在測謊的應用，人在說謊的時候往往會有一些不自然的表情出現，這個表情也許一秒也許零點幾秒，時間很短暫，說謊高手也很難偽裝這個表情，只能縮短這表情的時間，通常這個表情稍縱即逝，所以測謊人員可以透過情緒辨識系統捕捉測謊者說謊時稍縱即逝的不自然表情，分析測謊者的臉部表情，測謊人員即可知道測謊者何時說謊。

現今的情緒辨識系統仍存在一些使用上的問題。首先，駕駛的情緒被情緒辨識系統持續辨識，會有隱私方面的問題，也許大客車的司機不想讓情緒辨識系統知道自己的喜怒哀樂，但是基於安全，情緒辨識系統還是會分析司機的各個表情；

在測謊時，測謊人員可以利用情緒辨識系統套出測謊者的許多秘密，這也是道德上的一個問題。情緒辨識系統只是一個輔助系統，怎麼使用是使用者的問題，所以只要有好的道德標準，情緒辨識系統還是一套很好的輔助系統。

2-2 自然語言處理

自然語言處理有認知、理解、生成等面向，認知和理解是讓電腦把輸入的語言變成有意思的符號和關係，然後根據目的進行處理，生成則是把電腦資料轉化為自然語言，簡而言之，讓電腦能和人類一樣，具有聽說讀寫的處理能力，並以此理解人類語言，稱為「自然語言處理 (Natural Language Processing，縮寫 NLP)」。以一個例子來說，拿香蕉給猴子吃，因為「牠」肚子餓了；拿香蕉給猴子吃，因為「它」熟了，我們了解前者的「牠」指的是猴子，後者的「它」指的是香蕉，如果不了解猴子和香蕉的屬性，將無法區分，同一個詞在不同的上下文所代表的意思。如果聰明的人類都有可能會誤解繁複的語言，那麼只懂 011100100 的電腦有可能學會嗎？而人工智慧做到了，利用機器學習的演算法，讓電腦學會從訓練的資料中，自動歸納出語言的特性。

如何理解一種語言？以中文為例，如圖 2-5 所示，首先要教電腦學會「斷詞」和「理解詞的意思」，若誤解「詞的意思」與「句法結構」，就容易出錯，如：拿 / 香蕉 / 給 / 猴子 / 吃；第二步是分析句子，包含語法、語義表達方式和詞彙之間的關係，如：猴子是動物有生理需求，所以會肚子餓，進而想吃香蕉，而香蕉是食物，所以會有成熟的現象，了解每個詞所代表的意思與其特性，就能分辨前後文中所謂的「它」與「牠」指的是什麼。自然語言處理透過這兩個步驟，將複雜的語言轉化為電腦容易處理和計算的形式，早期是人工訂定規則，基於一套詞彙資料庫，用程式語言寫好人工訂定的規則，讓電腦依指令做出反應；現在則是讓機器自己學習，引進機器學習的演算法，不再用程式語言來制定電腦所有的規則，而是建立 LSTM 模型，讓電腦從處理好分詞的訓練資料中，自動歸納出語言的特性和趨勢。

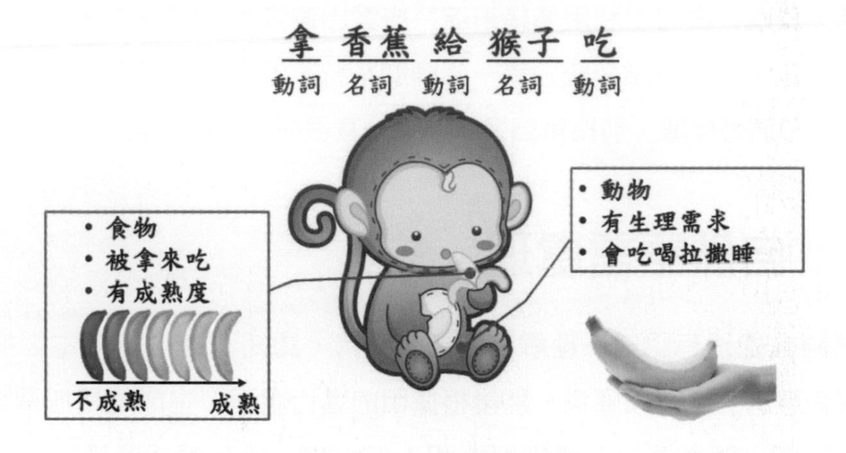

▲ 圖 2-5　拿香蕉給猴子吃

自然語言處理的用途，已經悄悄在身邊幫上許多忙，常見的應用包括透過學習斷句與理解詞的意思去進行「詞類標示」、利用分析內容來「偵測詐騙郵件」或「摘要文本大綱」、透過龐大的詞彙資料庫與學習使用者常用的搜尋詞句進行「搜尋建議更正」、藉由理解一句話的意思進而利用另一種語言或聲音來表達的「機器翻譯」和「語音辨識」等等，而我們也能透過這些技術更進一步地去運用，讓自然語言處理能涉及更多領域，發揮最大的效益。例如：現今發生自然災害時，人們第一個動作不是想怎麼逃難，而是上各社群網站發表言論，若利用自然語言處理，讓電腦自動蒐集並進行分析，想必能快速整合災情並有效率的協助救援。以下，將介紹幾個人工智慧利用自然語言處理技術所產生的應用。

首先，將介紹這項最早的應用，圖靈提出「圖靈測試」判斷機器是否能夠思考的實驗，測試機器能否達到與人類相同的智慧。幾年後，喬治城實驗將超過 60 句俄文自動翻譯成英文，但翻譯的成效與進展卻不如預期，直到發展 NLP 技術，才使得機器翻譯的技術漸入佳境。

史上第一位通過圖靈測試的仿生人

2-2-1 機器翻譯 (Machine Translation)

機器翻譯是指運用機器，透過特定的電腦程式，將一種文字或聲音形式的自然語言，翻譯成另一種文字或聲音形式的自然語言。透過計算機語言學、人工智慧和數理邏輯來教會機器理解人類的語言，機器翻譯是先把複雜的語言進行編碼，並轉換成電腦理解可計算的公式、模型和數字，再解碼成另一種語言，如圖 2-6 所示，若要將中文句子翻譯成英文句子，如「猴子吃香蕉」，我們會先將句子進行斷詞，讓機器容易了解，即「猴子／吃／香蕉」，再經過編碼器分析句子，包含語法及語義的自動解析，並透過翻譯及調序模型將句子完整翻譯，即「猴子為 monkey ／吃為 eat ／香蕉為 banana」，最後利用解碼器與後處理，轉換為人類理解的英文句子。

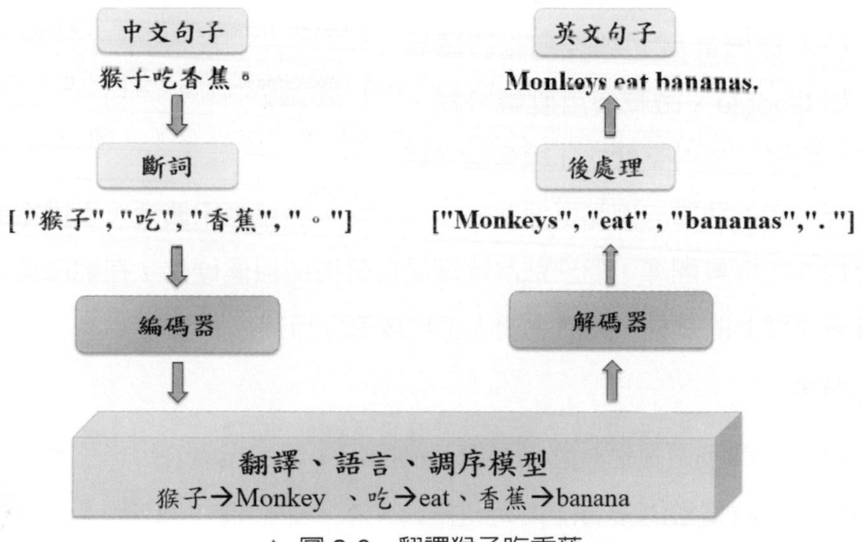

▲ 圖 2-6 翻譯猴子吃香蕉

在智慧語音的應用中，頗具聲名的是合肥的科大訊飛，亦被稱為中國聲谷，在語音領域的多項研究中，取得世界一流的水準，包括語音即時翻譯成文字，不論是速度與正確率都在水準之上，甚至能在同一套系統中完成各國語言的轉換，這在點餐或買票等日常活動，都能讓生活更便利，亦能滲透至社會中的各個角落，包括與手機、家電與汽車等方面結合，以及與設備的交流更自然且更有效率，若語音識別與翻譯的能力能持續提升，將改變人類與設備之間的交流方式與日常生活的習慣。如圖 2-7，機器翻譯主要分成三類，以下將逐一進行介紹。

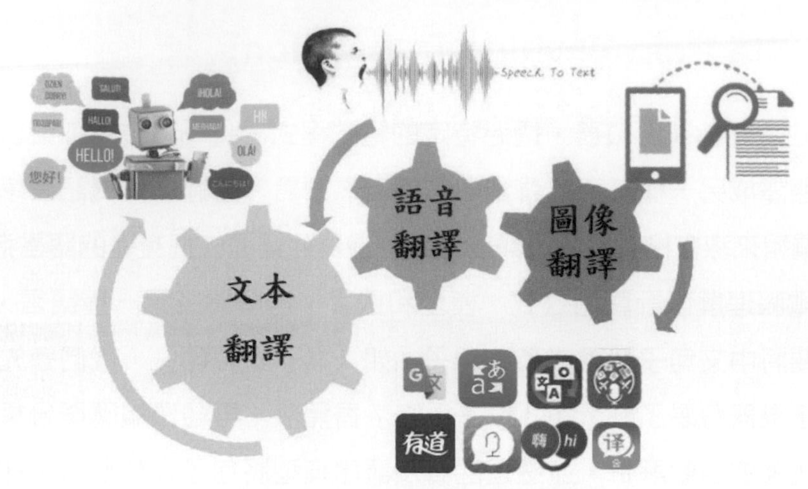

▲ 圖 2-7　機器翻譯分成三類

1. 文本翻譯

目前最為主流的應用仍然是以傳統的統計機器翻譯和神經網絡翻譯為主，如 Google、微軟與百度等公司，都為使用者，提供免費的在線多語言翻譯系統。文本翻譯的優點是速度快、成本低，而且應用廣泛，不同行業都可以採用相應的專業翻譯，但缺點為翻譯過程是機械且僵硬的，在翻譯過程中會出現很多語意上的問題，仍然需要人工翻譯來進行補充和改進。

2. 語音翻譯

實時翻譯技術是語音翻譯最廣泛的應用，最常出現在會議場所，演講者的語音能實時轉換成文本，並且進行同步與低延遲的翻譯，能夠取代口譯員的工作，實現不同語言的交流。

最近許多公司推出雙向語音即時翻譯，亦在即時的場景中進行翻譯，以達到多國語言的溝通，但從翻譯的正確率而言，無論是哪一牌子的即時語音翻譯 app 或翻譯機，都還有很大的進步空間，特別是在目前機器對語意理解尚未能確切掌握，翻譯出來的意思也會有落差，這也是目前語音翻譯技術還在不斷發展改進的地方，需要透過使用者大量使用反饋，以累積資料、持續學習進步。相信未來的語音翻譯會更加精準，也讓人們在跨語言溝通上更為便利。

3. 圖像翻譯

人們習慣透過 Google 翻譯來查詢看不懂的外文字，例如餐廳裡的菜單、街道看板等等，但要把它輸入到手機翻譯很浪費時間，而且某些看不懂語言也無法輸入，這時候只要打開手機相機鏡頭，對準擬翻譯的文字，就能即時將它轉譯為我們熟悉的語言，非常實用，Google Translate 的圖像文字翻譯功能已支援 36 種語言，能夠即時翻譯招牌、指示等照片上的文字。

Google、微軟、Facebook 和百度均擁有能讓使用者搜索或者自動整理沒有識別標籤照片的技術，除此之外還有視頻翻譯和 VR 翻譯也在逐漸應用中。

介紹完以上三種常見的文本、語音及圖像翻譯後，我們了解在技術上，機器翻譯先是了解各個詞彙所代表的意思，進而去分析內容，在了解內容後，再進行翻譯，使人類溝通再也無所阻礙。機器翻譯的困難在於自然語言中普遍存在的歧義和未知現象，不同語言之間文化的差異，有各自的句法結構，其中語法、詞彙、結構或語義等存在的歧義，現今仍無法讓機器完全掌握，且機器翻譯的解不唯一，始終存在著人為的標準，使得機器成為「真正的人」終究有著一道鴻溝，不過相信不久的將來，人類與機器間的溝通將能像人與人間的溝通一般地順暢，透過人工智慧建立規則，帶給使用者與以往不同的體驗。

2-2-2 聊天機器人 (Chatbot)

在人工智慧的應用中，人們最常想到的就是各種形形色色的機器人，除了看得到的外型，更重要的是背後看不見的技術，是賦予機器感知、認識、能聽、能看和能與機器交流的能力，這樣的外形與溝通方式，不僅符合人類的習慣，也省去編程和輸入的繁瑣，一個語音指令就能達成目的。

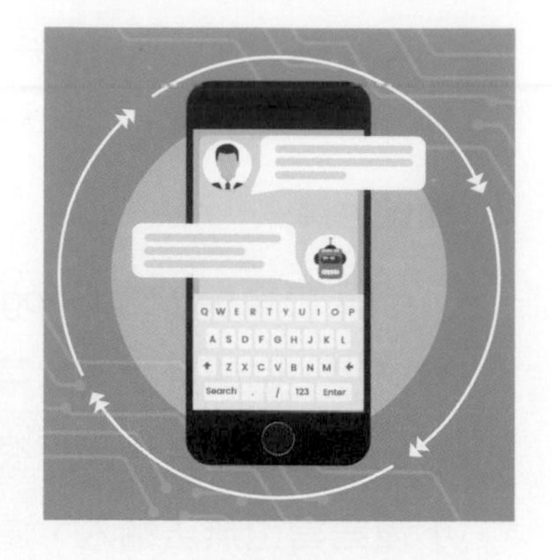

聊天機器人是指透過人工智慧、電腦程式模擬與使用者互動的對話，利用計算機自動回答使用者所提出的問題，以滿足使用者需求的任務。當使用者對機器說一句話，首先，機器要先把那句話轉成文字；之後，機器需正確理解使用者所提出的問題，對文字做解析，了解文字所代表的意義，並在已有的資料庫或者知識庫中進行檢索與匹配；最後，將獲取的答案以文字或語言的方式反饋給使用者。這過程涉及了包括詞語、句法、語義分析的基礎技術，以及信息檢索、知識工程、文本生成等多項技術。

現今聊天機器人分成許多類型，最常見的是回答問題、聊天、下訂單、檢索等等。以下將依類型進行介紹。

1. 客服回答問題

臉書推出「Facebook Messenger Platform」，能夠串接 Facebook 粉絲專頁，透過粉絲專頁，直接點選聊天按鈕，讓使用者能夠更加直接與企業粉絲專頁聯絡。而企業常用的方式，就是建立一個匯入常見問題 (Frequently Asked Questions，簡稱 FAQs) 系統，當機器人看到關鍵字，機器人將複製 FAQs 裡面的重點，然後採用有禮貌的語氣回答設定好的答案，自動回應形成一對一的對話，如圖 2-8 所示，介紹如何訓練聊天機器人以回答消費者的提問，如使用者詢問客服「請問商品什麼時候可以到貨」，機器人會先了解問題是什麼，並了解問題的意圖以便將問題分類，依此例我們會將問題分類在「到貨時間」，而機器人會從 FAQs 中找出此常見問題的解答，進而訓練機器人利用有禮貌的語氣回答使用者的問題，或將可能會一起提問的問題一併回答。

再舉一個更貼近生活的例子，飲料店透過社群網站讓消費者能快速、即時且簡單的下訂單，在過去常見的方法是列舉所有的可能，如列舉所有飲料的品種，並將大小杯、甜度、及冰度等問題，由選單的方式讓消費者選擇；現今透過 FAQs 自然語言，如圖 2-9 所示，消費者能直接告知所需的品項，並由機器人提問消費者未提供的資訊，以便了解所需的資訊進行下單，如甜度、冰度、大小杯及杯數等，更進一步訓練後，即使消費者利用「大珍奶微微」簡稱表示

「大杯的珍珠奶茶微糖微冰」，機器人亦能了解消費者所想表達的意思，即使不明白，機器人亦可利用反問詢問消費者是否正確，使 FAQs 自然語言更加生活化且人性化。

▲ 圖 2-8 FAQs 系統

▲ 圖 2-9 FAQs 下訂單的例子

而機器人當道的年代，銀行亦派出智慧客服搶攻市場，例如兆豐的「客服小咩」、國泰世華的「阿發」、一銀的「小 e」、及台新的「Rose」等，在官網、網銀、行動 App、FB 及 Line 等通路，提供客戶 24 小時的智慧服務，隨時隨地為客戶解決疑難雜症。現今銀行機器人又可分成理財、保險、投資、法規、及閒聊等多種不同領域的機器人，客戶透過網路，輸入問題，銀行的客服機器人會將問題進行分類，若屬於理財的問題就分給理財機器人，藉此，讓客戶得到更專業且快速的服務。

機器人不僅智慧、標準及高效，而且專業，未來甚至能具有自我學習的能力，不同領域的問題能交給不同的機器人，機器人答覆用戶的常見且重複性問題，解決人工重複回答與客服人員不足等問題，保證客服人員能專注於解決重要問題，節省不少的人力和時間成本，同時也提升客戶體驗。

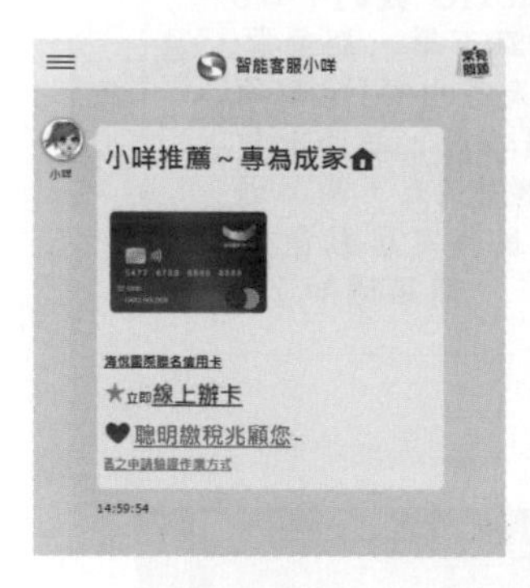

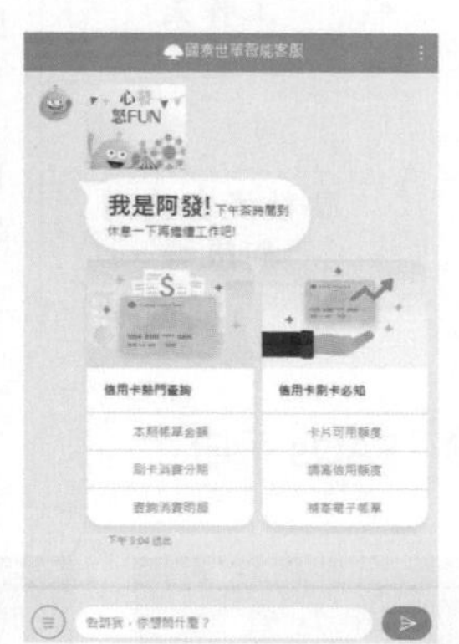

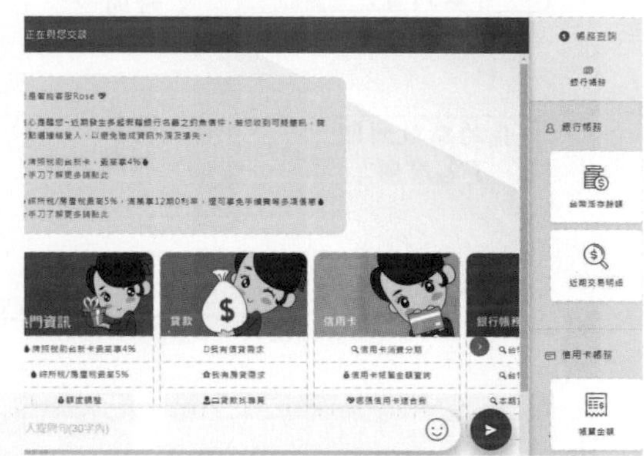

2. 購物助理

美國連鎖墨西哥速食餐廳 Taco Bell 開發的機器人 TacoBot，可為消費者進行點餐與餐點的推薦，且可依照要求客製化訂製，並對墨西哥捲餅購買流程的持續引導，直到最後顧客完成訂單，尤其能對於猶豫不決的顧客們，提供幫助，也能提高銷量，挽救原本會放棄選擇的潛在顧客。消費者不用依照固定的格式進行點餐，「我可以有一份捲餅嗎？」、「請給我一份捲餅」、「一份捲餅，謝謝」TacoBot 都能輕鬆的進行對應，為消費者完成點餐。或者消費者在叫了一份捲餅後，才又補上「不要加起司」，TacoBot 仍能清楚知道，消費者指的是先前所點的墨西哥捲餅不要起司。

而未來除了在消費購物的習慣上有所改變，在付費的流程上也可能因機器人的盛行而加以改變，比起電話或是網頁，直接使用社群軟體，如 LINE、微信等，可讓消費者能迅速的完成訂單，再用 LINEPay、微信支付進行輔助更能打造出快速付款的購物環境。

3. 檢索

美國的購物商城也開發 Operator 聊天機器人，運用搜尋並推薦符合條件的商品，使消費者能藉由一問一答的方式，找到自己滿意的商品。無論是商品的特徵、顏色或是價格範圍等商品細節，聊天機器人都能回答相關的問題，若是顧客的詢問過於複雜，機器人也能即時通知專員對應，不影響顧客的權利。

LINE 也推出「國語小幫手」的聊天機器人，能查詢國字的注音、部首或筆畫，也包括造詞、造句和成語查詢的功能，其資料來自教育部國語辭典公眾授權網，正確性有保障，人們透過機器人來進行檢索，能省去查詢的時間，並透過簡單的指令即能找出所困惑的字詞，甚至還會附加典故，使在找字的同時亦能學習到不同層面的知識。

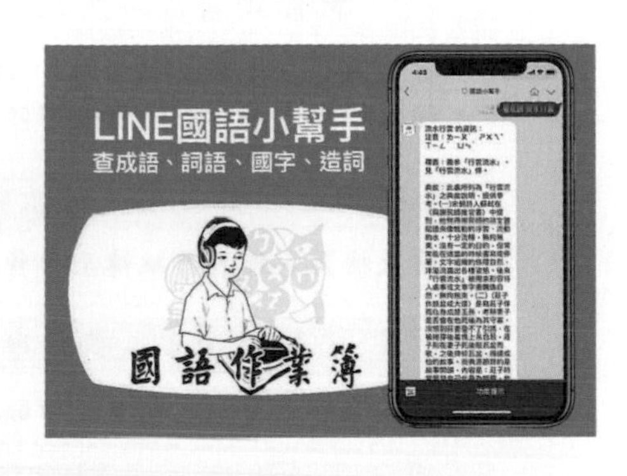

4. 聊天

「卡米狗」聊天機器人，除了平時在群組聊天、講笑話、唱歌、占卜算命，也能透過指令建立自己與機器人的專屬對答，聊天機器人除了能為生活添加一些樂趣，也能透過訓練成為現今人們的好幫手。

聊天機器人的應用很廣，被視為一個可發展的事業，相較於傳統客服，聊天機器人能夠提供更準確與及時的服務，其 UI 的設計相當重要，好的對話設計才能夠讓聊天帶入商業性。而聊天的設計，範圍從基本的對話，到圖片推送，到價格陳列與顧客購買的中間，需有細膩的策略思考。

聊天機器人在商業的應用越來越蓬勃，其主要有四大原因，如圖 2-10 所示。一、幫你銷售產品與服務，聊天機器人能替代人力，24 小時隨時為顧客排解購物上的疑慮。二、讓購物流程更流暢，付款更容易，聊天機器人帶領消費者進入付費頁面，讓消費者能在對話過程中，更快速地走到銷售階段。三、了解消費者在想什麼，聊天機器人能為你搜集消費者資訊，並且分析顧客的購物習慣與行為，找到在網站或是購物流程上能夠加以優化的地方，以提供更好的服務。四、個人化行銷，聊天機器人提供更「人性化」的方式，為消費者提供與品牌互動的可能，使顧客願意投入的程度增加。

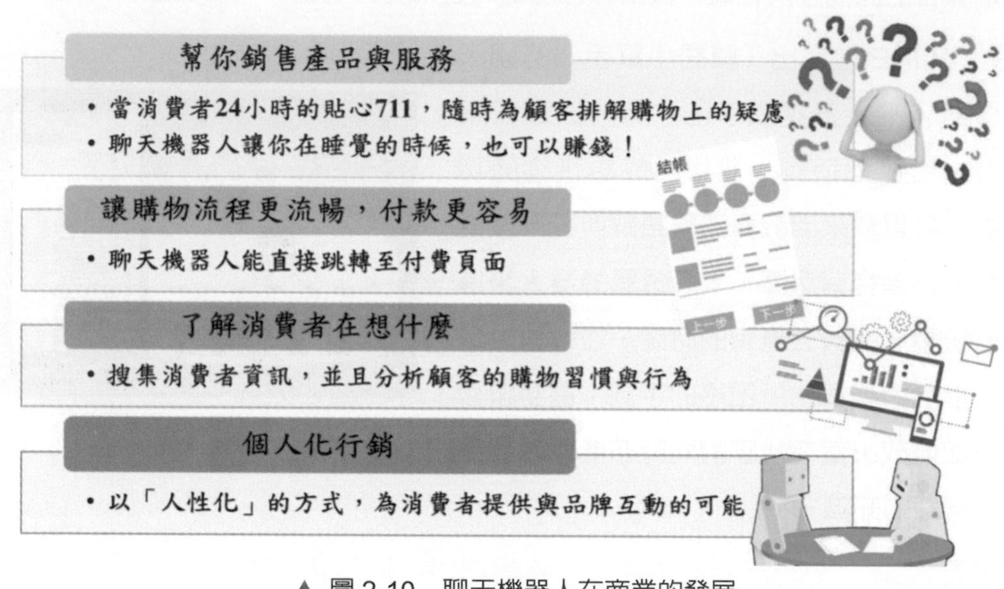

▲ 圖 2-10　聊天機器人在商業的發展

除了聊天機器人在商業上有亮眼的表現，「關鍵字搜尋」也成為廣告商與企業發展的工具，以下將介紹商家們如何在關鍵字下進行一場金錢買賣的表演。我們也將介紹機器自動學習關鍵字，使用者在輸入法打字時，機器會建議使用者的詞彙。

2-2-3　關鍵字與輸入法選字

有句話說「有問題問老師或父母不如問 Google」，我們知道現在教育不再是老師或父母給予知識，而是漸漸演變成教導孩子尋找、收集與應用知識的方法。在數位原生的這一代，大多數的孩子成長於電腦和網路的環境中，我們越來越依賴搜索引擎，如圖 2-11 所示，藉由在網路上搜尋資料，能快速、方便地接收到龐大的相關資料，而如何快速又精準的找到我們想知道的答案，這時候「關鍵字」就是很關鍵的一步，而商家如何在這樣的使用習慣下，獲取利益呢？

透過關鍵字能了解不同身分與當前社會關注的熱門議題，如：大學生群體，常出現的關鍵字可能為出國、留學、就業等；有身孕的婦女，關鍵字可能為胎教、寶寶、孕期保健等。以個人利益來說，利用關鍵字能提高搜索效率，在最短的時間找到你所需要的相關訊息；而商家則可透過關鍵字廣告，發掘巨大的商業價值，這個價值可能體現在短期的銷售增長上，更可能是長期企業品牌形象的提升上，商家會利用搜索引擎公司所分析使用者使用的字、詞、句子的內容、種類、頻率，了解使用者對網上信息的興趣，並把這些有用的信息提供給廣告主，商家依據自身的需要，可以向搜索引擎公司購買某個或某幾個關鍵字，讓使用者在用這些關鍵字搜索時，能在搜索結果頁面出現自己企業的廣告信息，以有效地進行廣告宣傳。

而除了在關鍵字中我們能找出其中所富含的資訊外，亦可建立模型，使機器能自動學習各個使用者過去輸入的詞彙與內容，成為他們常用的關鍵字並進行建議的行為，例如，當你在手機上打字時，你常會看到單詞建議，這就是我們身邊中習以為常卻常忽略的自然語言處理技術。利用自動學習，產生更準確的詞彙連續輸入、修正建議，加上「聲調」輔助可讓斷字與選詞更精準。

除了「關鍵字」在商業的應用外，電子郵件也是較為正式的重要溝通管道，但有很多不肖廠商，常會透過電子郵件去濫發廣告、惡意的傷害使用者的電腦，更可能裝置間諜軟體、木馬程式等以竊取重要機密與資料。所以為了遏止這些不肖廠商，許多網路服務供應商提供資料分析，進一步檢測信件是否為垃圾郵件，以降低使用者落入有心人士的陷阱中。

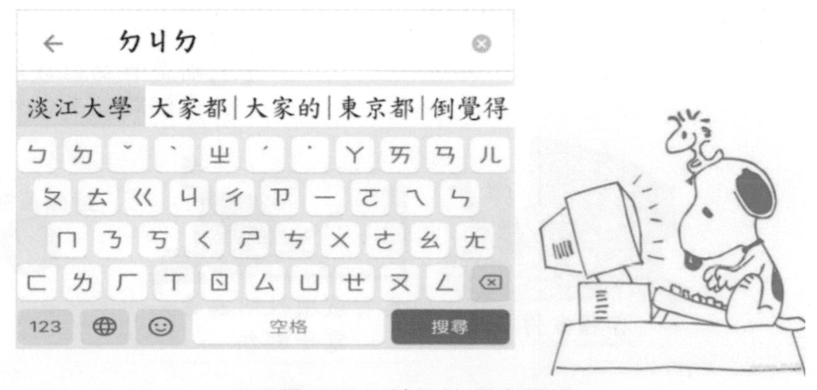

▲ 圖 2-11 輸入法選字建議

2-2-4 檢測垃圾電子郵件

垃圾郵件指未經請求而發送的電子郵件，例如未經發件人請求或允許而發送的各種宣傳廣告或具有破壞性附有病毒的電子郵件。常見內容包括賺錢信息、成人廣告、商業或個人網站廣告、電子雜誌和連環信等。

其技術透過文本分類 (Text categorization)，如圖 2-12 所示，電腦藉由了解信件中的內容並進行分析，即可有效辨識垃圾郵件且加以阻擋，如常見的垃圾郵件關鍵字為「viagra」等廣告詞或是透過內容也無法識別該郵件是未經請求的或者是批量發送的，則有即高的可能性為垃圾郵件。現今針對垃圾郵件和網路釣魚郵件的識別率已經達到了 99.9%，甚至還能發現惡意的 URL 連結。

自然語言處理技術除了分析文字內容有大量的專家學者探討和應用，各種文字探勘工具也應運而生，而隨著時代轉換，「情緒分析」是近幾年被熱烈討論的議題，從對話或文字中取得使用者的「情緒」和「語氣」，以精準知道使用者所想表達的意思，如「這台電腦很棒，我都無法將它開機」，若僅透過文字內容分析，機器所抓取的意思會覺得這電腦是很棒的，但我們知道這是一句嘲諷句，想表達的是這台電腦很爛，故辨識句子中正面還是負面的情緒是很重要的。以下針對文本情感分析的應用與概念加以介紹。

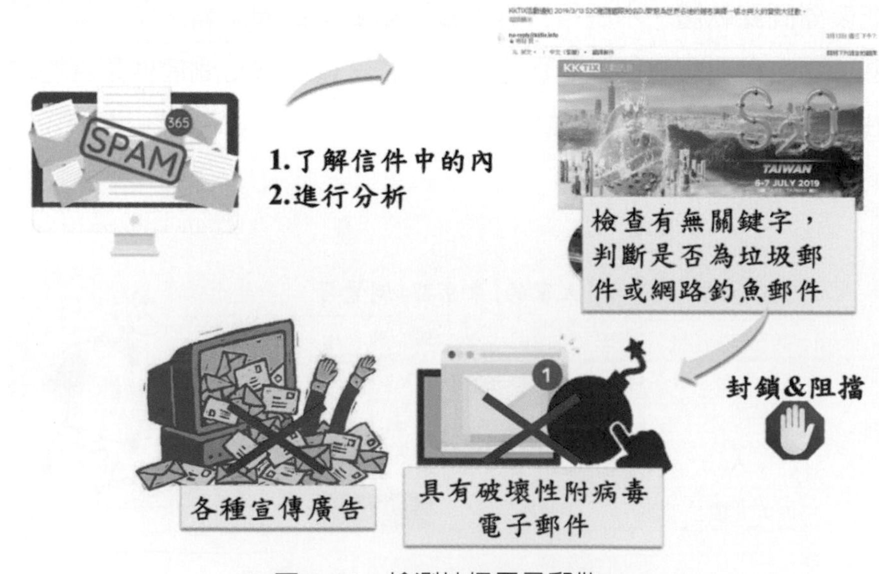

▲ 圖 2-12　檢測垃圾電子郵件

2-2-5 文本情感分析

文本情感分析，也稱為意見挖掘，是指用自然語言處理、文本挖掘以及計算機語言學等方法，來對帶有情感色彩的主觀性文本進行分析、處理、歸納和推理的過程。

情感分析的商業價值，除了可以提早了解顧客對於產品或公司的觀感，進而調整營運策略方向。在產品銷售過程中，也可以知道顧客對於產品的體驗，不論是在銷售前或銷售後，企業在了解市場意見的方法上，除了問卷，透過情感分析是值得參考的選擇。情感分析也被應用在聊天機器人的領域上，如圖 2-13 所示，Pepper 機器人可依據人類常見的情緒反應 (如喜、怒、哀、驚等)、對使用者的臉部表情、肢體語言和措辭的分析，了解使用者的情緒並選擇恰當的方式與使用者交流。

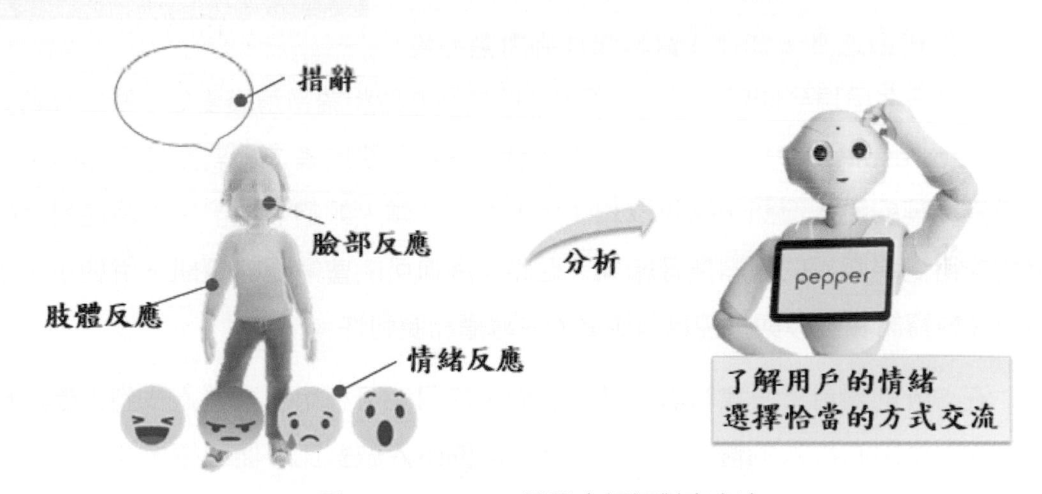

▲ 圖 2-13　Pepper 機器人如何對應交流

上述例子中，我們知道機器具有識別人類情感的能力，但僅限於簡單的任務。人類在情感方面，表達的方式十分多元，不論是委婉內斂的、反諷、修辭手段或是口語化的表達方式，需要更深層的機器學習技術和更龐大的資料庫才能支撐，雖然機器尚不能完全了解人類情感，但情感分析的研究與應用前途亮眼，相信未來結合語音、圖像處理技術等，利用語言、表情和行為方面的分析，理解人類情感並給出相應的回復，創造一個具有情感的機器人時代已經不遠。

最後，將介紹最成功且最廣泛使用的自然語言處理應用，即是個人語音助理「Siri」，它是一個跨時代革命性創新的人工智慧，將智慧型手機進入一個劃時代的里程碑。以下針對 Siri 進行說明。

2-2-6 個人助理 -Siri

Siri 最早內建在 iphone4，此軟體使用到自然語言處理技術，如圖 2-14 所示，使用者可以使用自然的對話與手機進行互動，完成搜尋資料、查詢天氣、設定手機日曆、設定鬧鈴、及對話聊天等服務。而在當時顛覆語音辨識的認知，以往語音辨識為「單向互動」(Voice to Search)，使用者透過語音輸入問題，辨識系統除了須進行正確的語音辨識之外，並進入資料庫找到所需的資料，並將答案呈現至使用者面前；而 Siri 的語音助理將語音辨識變成「雙向互動」(Voice to result)，使用者與具有人工智慧的 Siri 和使用者進行對話的過程中，不是只有單純的輸入資訊，還可以和使用者進行「類人類的溝通」，同時從對話的過程中得到更直接的資料搜尋結果，更將其周邊可能會需要的資訊一併顯示，讓使用者對資訊和搜尋與操控具有更高的主導權和便利性。

在 Siri 的設計下，當辨識系統錯誤時，使用者可利用手寫輸入找到正確的資料，藉由使用者輸入的搜尋結果和最初錯誤的輸入做對比，便可讓未來下一個使用者能夠更準確的找到資訊，因此，Siri 靠著龐大使用者所建立、輸入及反饋的各種資訊，匯入人工智慧的資料庫，以便在龐大的電腦運算中找到關鍵字並進行分類、搜尋、及判別，這就是為什麼 Siri 在自然語言處理中無論是語音辨識、理解語意、問題對答、及找尋關鍵字等方面，都有亮眼的成績，成為現在大家都無法缺少的個人語音辨識助理。

本章節介紹了許多自然語言處理在生活中廣泛的應用，除了這些應用外，仍有很多未提及的應用，也是基於自然語言處理來運作的，例如，當你打開新聞報導時，它基於你的流覽記錄，源源不斷地向你推薦你可能感興趣的新聞；當你打開購物網站時，點開某家店某件商品的評論區，它提供給你整體印象以及評論分數，這些都是文本挖掘和推薦系統中非常成功的應用。甚至在未來的應用是智慧機器人結合 Line 與物聯網，當你今天出門時，Line 中出現大門的發言，提醒你天冷要記得穿外套及攜帶雨具；而你路過超商時，Line 中出現冰箱的發言，通知目前你在超商前，建議買兩盒蛋等，相信未來在技術越來越成熟情況下，人工智慧的技術會在生活中各個角落無時無刻的出現。

自然語言處理就是用人工智慧來處理、理解以及運用人類語言，消除歧義是目前此技術的最大挑戰，它的根源是人類語言的複雜性和語言描述的外部世界的複雜性。人類語言承擔著人類表達情感、交流思想、傳播知識等重要功能，因此需要具備強大的靈活性和表達能力，而理解語言所需要的知識又是無止境的。全球市場的自然語言處理能快速發展，主要原因有三：數位化數據的快速激增、智慧設備透過深度學習，其功能的不斷成長，以及人們對顧客體驗越來越高的要求。相信未來在這些技術與人類強烈的需求下，自然語言處理將在各種領域下發揮其最大作用，改進人類與機器、汽車、家電與電腦等各領域間的交流。

▲ 圖 2-14　Siri 的功能

2-3 邏輯推理

電腦在人工智慧上的表現，雖然在某些地方較人們優秀，但人們總認為是因為電腦的計算速度快及記憶體大這兩種優勢，人們一直覺得，電腦並不真的比人腦聰明，也不真的如同人們能思考、具有邏輯、甚至有感覺。據下圍棋的高手描述，圍棋的棋子衆多，棋盤可下的選擇也多，因此，下圍棋是靠當時的棋風、靠感覺來下棋，在 IBM 深藍與人們對決勝利後，雖然人們感到意外，但仍覺得那是靠快速的計算與龐大的記憶體來取勝，直到電腦拿到世界圍棋的冠軍，才開始感受到人工智慧對人們智力及思考力的威脅。

從感覺來看，人工智慧除了計算與記憶的能力較人們優越外，人工智慧也一直將「感覺」這樣的能力視為是與人們一決高下的重要目標。什麼是感覺？人們有哪些能力是需要靠感覺來完成的？這一直是人工智能所追求的目標。下圍棋、寫詩、寫文章、畫畫、藝術創作等，這些可能都或多或少需要靠感覺，例如，古代的李白，喝醉酒後，寫出來的詩可留傳千古。在本章中，我們將對人工智慧在下棋、寫詩、寫文章等方面的進步，與讀者分享，讓讀者也能感受到電腦有了人工智慧後，也漸漸具有人們所引以為傲的「感覺」。

2-3-1 下棋

棋，通常仰賴的具有推理與邏輯能力，對電腦而言，計算、記憶及邏輯判斷，是完全不同的能力。什麼是邏輯呢？簡單來說就是在有限資訊的情況下進行推理的一項工具，舉一個簡單的例子，目前有兩個資訊，第一個資訊：所有人都會死、第二個資訊：蘇格拉底是人，根據這兩個資訊，就可以推測出一個結論：蘇格拉底會死；這種簡單的邏輯推理，對於人類來說非常的簡單，但是如何讓電腦也能像人類一樣進行邏輯推理呢？這個議題一直是在人工智慧領域裡是非常重要的一個環節。

電腦在進行邏輯推理時，通常是需要對大量的數據進行分析，來推測結果，過去因為硬體上的限制，電腦只能進行的簡單的邏輯運算，也因此人類的邏輯能力還是強於電腦，但隨著時間的挪移，硬體不斷的進步，這個結論逐漸不成立。電腦下棋一直被當作電腦智力的指標，IBM 公司開發出一種專門分析西洋棋的超級電腦「深藍」，並在 1997 年 5 月 10 號打敗了世界西洋棋冠軍卡斯帕洛夫，這件事情震撼了全世界，因為這代表人工智慧推理能力已經漸漸的接近人類。

「深藍」電腦在下西洋棋時，主要先用 minimax 算法和 alpha-beta 修剪法來分析局面，然後再用評估函數來決定下一步的走法，使其勝率較大。其中，minimax 的演算法，其實就是將棋局完全地展開成樹狀圖如圖 2-15，正方形代表對手的回合，圓圈表自己的回合，數字代表著每種走法的分數，而 A、B、C 等就是代表不同的走法，分數計算後，對己方越有利則分數越高，在對方的回合，則那層決策中，通常電腦會選擇較悲觀的走法，也就是對手會依對己方最不利的走法來下棋，若是輪到己方的回合，則選擇對自己方最有利的走法來下棋。除了 minimax 演算法外，深藍還利用 Alpha-beta 修剪法來刪減不必要的分支以減低計算的成本。

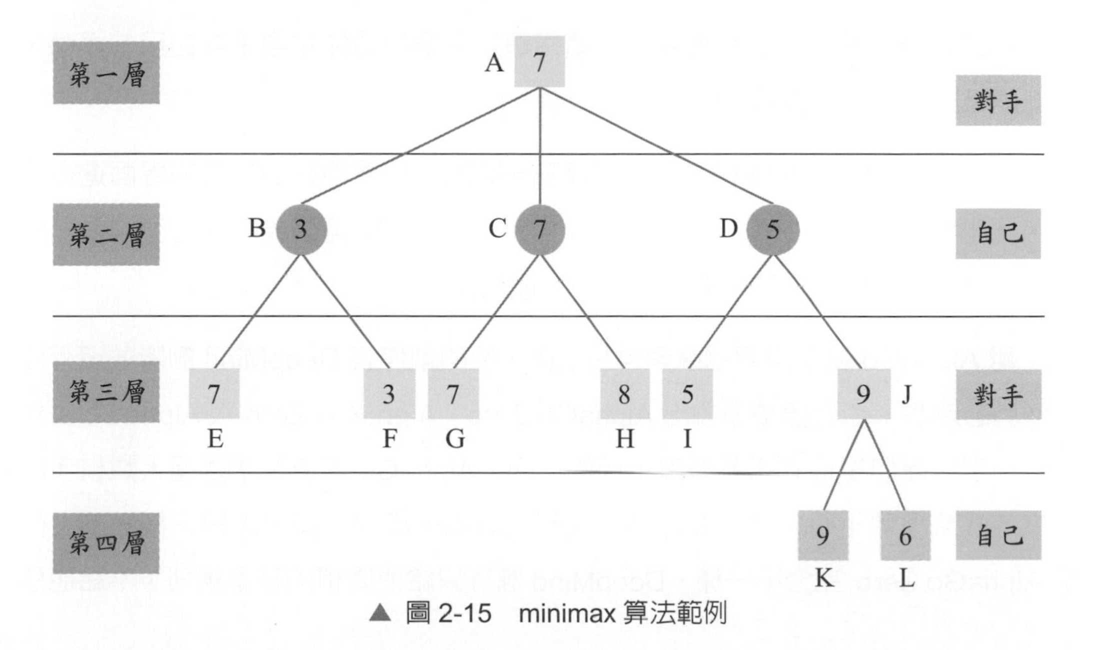

▲ 圖 2-15 minimax 算法範例

世界頂尖工程師們已在西洋棋方面被電腦超越了，但電腦的設計者仍不滿足，其將目標設定在圍棋的戰勝，圍棋相較於西洋棋的變化更大，而且電腦下圍棋有其特殊的困難點，其他棋類大多是擒王形式，也就是說只要棋局中的王死掉就算輸了，這種形式目標較明確，但是圍棋不同，圍棋是看誰佔領的領域大，則更易有贏面，這種形式使得圍棋無法與「深藍」一樣用評估函數，因為程式可以設定，只要西洋棋擒王可得 100 分，但是圍棋不一樣，圍棋是搶地盤，沒有一個明確的目標可以評估，再加上圍棋的棋只有一種，所以無法評估每一個棋的價值，更是增加電腦分析的難度。

為了解決這些問題，Google 公司的 DeepMind 團隊想出新的策略，他們賦予 Alpha Go 兩個神經網路和一個算法，分別是「策略網路」、「評估網路」和蒙地卡羅搜尋樹。第一個神經網路是「策略網路」，首先他們大量的輸入世界上職業棋手的棋譜，然後運用「增強式學習」的技術，先從這些大量輸入的棋譜中隨機抽取部分當作樣本，訓練一個基礎版本的策略網路，然後運用完整的樣本訓練一個較強的進階版策略網路，基礎版本的策略網路就像是學生，而進階版就像是老師，一開始先讓學生和老師下棋，當學生的技術超越老師時，將它們的角色互調，讓老師當學生，學生當老師，然後繼續下棋，以此循環修正就可以不斷地提升對於對手落子的預測與下棋的能力。

第二個神經網路「評估網路」，這個網路主要的功能主要是評估目前局勢，然後計算出每個落子位置的勝率。

算法「蒙地卡羅搜尋樹」，這個算法一開始先根據現在的棋局的局面進行分析，猜測對手可能會下子的位置，接著一步一步的去模擬棋局的進行直到盤面結束，然後利用將模擬出的結果來選擇下棋的位置。

繼 AlphaGo 贏了世界冠軍李世乭之後，他的創作者 DeepMind 團隊並沒有停下他們的腳步，他們繼續研發出 AlphaGo Zero，AlphaGo Zero 跟 AlphaGo 雖然只有一字之差但是他們卻是截然不同的東西，AlphaGo 是還算是透過人類棋手的下棋方式來學習下棋，他主要是利用我們人類幾千年的下圍棋經驗來訓練的，但是 AlphaGo Zero 完全不一樣，DeepMind 團隊只給他圍棋的基本規則，不給他任何的人類下棋經驗，然後讓他從自己與不同版本的自己下棋並且自我學習，經過不斷的自我訓練，三天後他已經可以超越 AlphaGo。

或許有很多人看完上述的文章還是會想著，電腦贏人類圍棋到底有甚麼意義，圍棋不過是個遊戲，即使電腦的圍棋再怎麼厲害，還是只能下圍棋而已，其實這樣的想法也許需要修正，AlphaGo 能在圍棋方面贏人類是一個非常重要的里程碑，因為圍棋的變化太多，這麼龐大的變化量，是即使是以目前最先進的硬體都無法窮舉出來的，也因此在下棋中有很多的不確定性，這些不確定都要電腦自己推理並判斷出下哪裡最有勝算，而 AlphaGo 贏了人類的圍棋世界冠軍，就代表著電腦在面對許多不確定性問題時，他可以推理出一個比人類想出來的答案更正確的解答，那是否就表示，有許多工作都已經可以漸漸的被人工智慧所取代，因為電腦透過人類經驗的學習，已經可以達到比人類更深入或更有經驗的境界，而 AlphaGo Zero 藉由自主訓練三天就打敗 AlphaGo，又是另一個非常重要里程碑，這件事代表著電腦已經不用人類的經驗，只要給他一點規則或是基礎，他就可以自我訓練到比人類還強的地步，這樣的能力，給了人們無限的想像的空間。

2-3-2 寫詩 (微軟小冰)

寫詩、畫畫、寫文章，這些能力，並不像圍棋有所謂的勝負，也不像數學有數字可以用公式推導，而不論是詩、畫畫或文章之作品，其品質優劣是非常主觀的。微軟公司打破大家以往的迷思，他們在 2014 年開發一款人工智慧聊天機器人「微軟小冰」，讓你可以跟她在 WeChat 裡聊天，微軟並沒有滿足於現況，經過不斷的研發、改版，「微軟小冰」現在不但可以聊天、主持節目、創作歌曲等，諸多功能，甚至還可以做到即興寫詩的地步，你只要給她一張圖片，她就可以幫你寫出一篇詩。

▲ 圖 2-16　淡江風景圖

例如我給小冰上面圖 2-16，「微軟小冰」就會依照這張圖片做出以下詩：

誰敲響了教堂中的鐘

窗花上雕刻著美麗的靈魂

栩栩如生的石雕的時候

快樂的人在月光中起舞

天上透出了水晶的光鮮

你是我的生命的暖陽

山嶺的高亢與流水齊聲歌唱

看見一個在森林裡休閒的獵人

這個世界有活躍的人生

詩人的心思被我發現了

這該是為別人詩裡的月

黃昏時候有金色的落葉

是人們哭了一個詩人

探尋著世界的光明

其實我們仔細看這張圖和這首詩，「微軟小冰」所作的詩每一句都是通順、是有邏輯的，但是美中不足的地方就是，她有些圖文不符，如果再給微軟幾年，說不定“微軟小冰”可以寫得比世界級的大師還強呢。

2-3-3 新聞稿

人工智慧在文學上的表現，不只可以應用於聊天或是寫詩而已，這項技術已經可以應用在產業界了，尤其是新聞界，人工智慧的技術，已經可以自動幫人們寫新聞稿了，而且這項技術已經有幾家新聞公司已經開始使用，例如：美國知名報社 < 華盛頓郵報 > 在 2016 年使用寫稿機器人 Heliograf 來分析整理里約奧運的數據，並將訊息放到制式的新聞模板裡，然後做成新聞稿；瑞士媒體巨擘 Tamedia 在瑞士選舉時，利用 Tobi 機器人在僅僅五分鐘的時間內就生產了大約四萬篇有關選舉的新聞。諸如此類的自動寫稿機器人已漸漸地廣泛應用在新聞界，這時很多人可能會有疑問，新聞從業人員，會不會就被機器人給取代了？其實，以目前人工智慧的技術，在新聞稿的撰寫方面，還是無法取代人類的，雖然這些機器人已經可以自己寫新聞了，但是目前的人工智慧還是只能寫一些比較制式的新聞，諸如奧運比賽結果或是各區選舉結果的新聞，因為這些新聞報導的內容具有一定的模式。盡管如此，這些新聞的數據量都非常龐大，所以機器人雖然無法完全取代記者，但是卻能大大的提高效率。

相關文章

人工智慧機器人幫忙寫新聞，報導又快又正確

2-4 推薦系統

推薦系統在現今的生活中隨處可見，舉例來說，我們每天上 FB 看粉絲團、在 YouTube 上看影片、去電影網站上評分電影，如圖 2-17 所示，在看完後被推薦下一個新聞、商品或影片繼續觀看，這其實就是在預測用戶可能會喜歡的東西。以購物網站為例，假如今天有個新來的用戶在逛購物網站，由於我們並不知道新用戶的喜好，所以無法以個性化的方式向他推薦商品，那我們便向他推薦最近流行的、熱門的東西。又例如說我們有了舊用戶過去的瀏覽紀錄、喜好評價、評分紀錄等等，那我們便可以根據這些紀錄來進行推薦，使舊用戶瀏覽或購買更多的商品。因此，推薦系統可以向用戶推薦現在流行、很多人也購買的商品 (Population Averages)；對於舊用戶，也可以根據他過往的紀錄與其他用戶做比較、分析，

進而得到與他相似的用戶也喜歡的東西來進行推薦 (協同過濾 Collaborative Filtering)，我們也可以單純分析用戶購買過的商品特徵與未購買過的商品特徵去比較之間的相似度再去做同類型的推薦 (基於內容的推薦 Content-Based)。

▲ 圖 2-17　使用 FB、YouTube 時的推薦

常見的推薦技術有 Content-base、Population Averages 及 Collaborative Filtering。以下，我們針對這幾種推薦技術進行介紹。

2-4-1　基於內容的推薦

最早被使用的推薦方法為基於內容的推薦，它稱為 content-based 的方法。基於內容的推薦，乃是根據用戶過去喜歡的商品 (item)，並從中分析這些被喜歡的商品特徵再去找沒買過的商品中與之最相似的特徵商品。這種方法稱為「基於商品的推薦」或是「基於內容的推薦」(Content-Based)。以圖 2-18 為例，假設推薦系統目前已有用戶 A 的過去購物紀錄，若我們想對用戶 A 進行商品推薦，首先，我們將從圖 (a) 商品中找出商品的特徵，再根據圖 (b) 中用戶 A 購買過的商品，並從中分析出用戶 A 喜歡的商品特徵 (有領子的衣服)，再透過這些特徵 (有

領子的衣服) 去找出圖 (c) 中那些不曾買過的商品裡與之相似的衣服特徵來進行商品推薦，推薦出符合用戶 A 喜好特徵的商品。這個方法主要包含以下三步：

1. 物品表示：為每個商品取出一些特徵來表示這個商品。
2. 特徵學習：利用用戶過去喜歡的商品數據來找出用戶喜歡的特徵。
3. 生成推薦列表：透過上一步得到的用戶喜好特徵與候選商品的特徵，為用戶推薦一組相關性最大 (最類似) 的商品。

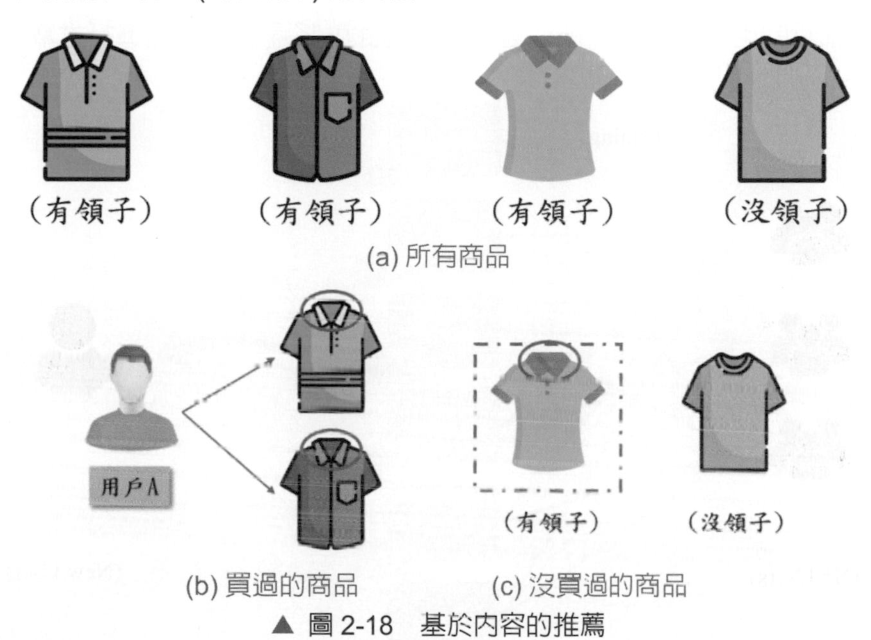

▲ 圖 2-18 基於內容的推薦

「基於內容的推薦」(content-based) 其優缺點如下：

1. 推薦的商品均為與過往紀錄相似的物品。
2. 對於新商品不需要冷啓動的時間，也就是說新商品能獲得即時推薦。
3. 基於內容的推薦，可能會過於推薦同樣的東西給用戶而造成過度專業化 (over-specialization)。
4. 這種方法必須依賴用戶的歷史評分。

2-4-2 基於熱門度的推薦

對一個新的使用者而言，推薦系統並無該使用者的購物或是瀏覽紀錄，所以並沒有辦法對於空白資料的使用者進行合適的推薦，也就是無法用上面提到的

「基於內容的推薦」。這時，推薦系統便可使用「基於熱門度的推薦」(Population Averages) 這種方法來將商品推薦給新用戶。如圖 2-19 所示，假設推薦系統已擁有大量歷史用戶 (Old Users) 對各商品的評分紀錄表，以圖 2-19 為例，過去有一群舊用戶曾對這六種商品進行過評分，因此，將這些評分做平均後，再依分數高低的順序來進行推薦，就可以找到評分數量多且平均評分分數較高的商品 (例如：Item1, 4.5 分) 並推薦給新用戶。這種推薦方式的主要原因是因為大家都喜歡的東西，對一個新的用戶而言，可能也會喜歡，因此就將這樣的商品進行推薦。

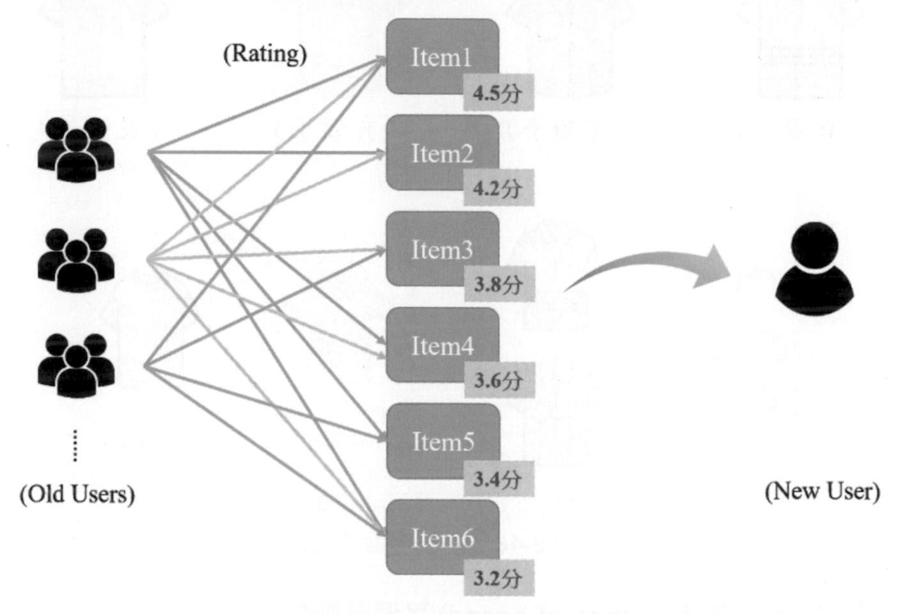

▲ 圖 2-19　基於熱門度的推薦

「基於熱門度的推薦」(Population Averages) 其優缺點如下：

1. 無當前用戶資訊也能即時推薦過去其他用戶也喜愛的商品。
2. 新商品會有冷啓動的問題，也就是新商品並無用戶評分的資訊，因此較不易被推薦。
3. 可能無法公平表現商品的水準

2-4-3　協同過濾

在同樣都擁有用戶的歷史購物紀錄的條件下，除了採用「基於內容的推薦」的方法外，也可以採用「協同過濾」(Collaborative Filtering) 的方法對用戶進行推薦。對於每位使用者而言，應該都會有許多與他購物習慣相似的使用者，而協同過濾就是找出與該使用者購物習慣相似的群體，並分析其偏好來預測該使用者的個人偏好，進而達到個人化(過濾其他不適合)的推薦效果。其中常見的方法有基於用戶的協同過濾 (User-base Collaborative Filtering)、基於物品的協同過濾 (Item-base Collaborative Filtering) 與混和式推薦 (Hybrid)。下面，將為這幾種常見的協同過濾推薦技術進行介紹與舉例。

1. 基於用戶的協同過濾 (User-based CF)

這種做法主要是利用相似度統計的方法，得到具有相似愛好或者興趣的使用者，如圖 2-20 所示，假設推薦系統已擁有四位用戶過去對不同商品評分的歷史資料，以及想進行推薦的用戶 A 的歷史評分紀錄，現在想對 A 用戶進行商品推薦。首先，把現有的客戶 B、C、D、E 的評分歷史資料進行分析，找出與用戶 A 的購物喜好較相似的用戶，結果透過以前的購物習慣，我們發現，用戶 B、C 及 D 與用戶 A 有相同喜愛的商品 Item1 和 Item2，而用戶 E 與用戶 A 沒有相同的喜愛商品，因此，推薦系統便將這些用戶 B、C 及 D 喜歡的商品而用戶 A 沒有看過的商品 item4、item5 及 item6 推薦給用戶 A。

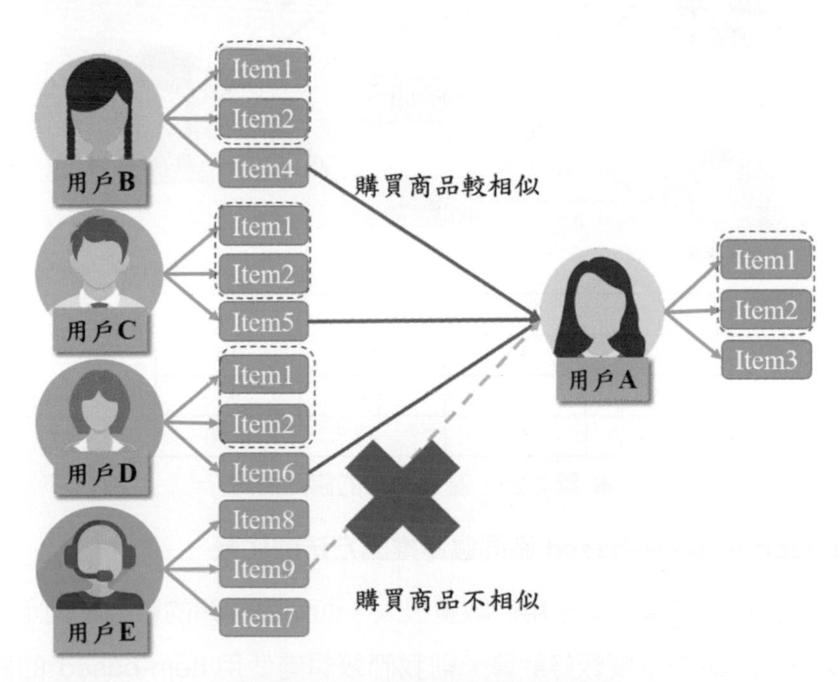

▲ 圖 2-20 基於用戶的協同過濾

2. 基於物品的協同過濾 (Item-based CF)

比起上述「基於用戶的協同過濾」，後來更是發明「基於物品的協同過濾」，是目前業界應用最多的算法，它主要綜合利用過去許多使用者對商品的評價分數，以及商品之間的相似度，來預測目前這個使用者可能喜歡的商品，而且，商品之間的相似性是先基於用戶對商品的評價相似再去比較商品的種類或內容。如圖 2-21 所示，假設推薦系統已擁有戶 A、B 及 C 的歷史評分紀錄。若推薦系統擬對用戶 C 進行商品推薦，推薦系統首先便分析用戶 C 評價分數較高的商品，從圖 2-21 中發現他對物品 A 評價為 4.7 分 (很高分)，因此也嘗試找尋，還有哪些人對物品 A 的評分也是高分，系統發現用戶 A、B 對物品 A 評價也為高分，經過分析，系統發現，用戶 A 及 B 同時對物品 C 也評價為高分，另一方面，系統發現用戶 B 對物品 B 評價為 2.5 分 (較低分)，因此，系統判定物品 A 與物品 C 可能有相似的特徵吸引用戶 A 及 B，於是系統把用戶 A、B 也評價高分 (4.7 分) 的其他商品，即是商品 C，推薦給使用者 C。

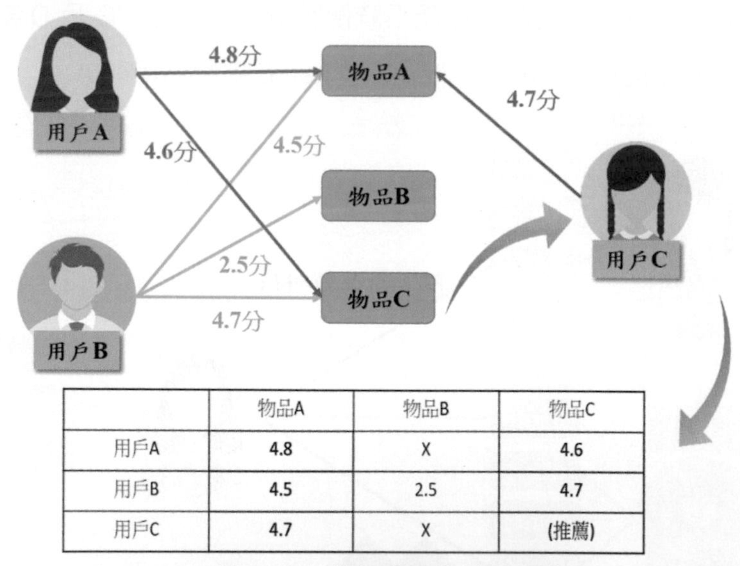

	物品A	物品B	物品C
用戶A	4.8	X	4.6
用戶B	4.5	2.5	4.7
用戶C	4.7	X	(推薦)

▲ 圖 2-21　基於商品的協同過濾

3. Item-based 與 User-based 協同過濾推薦方法的比較

在計算複雜度上，如果用戶數量很大，而商品種類的數相對固定，更新頻率也較少，商品相似度較好計算，則我們較傾向使用 Item-based 的協同過濾推薦方法來做運算；反之，如果是新聞或是文章，項目數量是海量、主體的更新也較頻繁，則較傾向使用 user-based 的協同過濾推薦方法來做運算。在推薦內容上，Item-based 的推薦方法可以為每位用戶生成其個性化的推薦結果，而在多樣性方面則是 User-based 的推薦結果取勝，因為推薦鄰近相似的使用者喜歡的物品，所以可能與自己過去的歷史無關則衍生出多樣性的結果。

2-4-4 混和式推薦 (Hybrid)

混和式推薦則是將上面所講推薦方法或是其他種類的推薦演算法進行混和利用，下面舉一個簡單的混和式推薦當例子。我們結合 Content-based 和 User-based 來進行混和式推薦。假設系統擬對一名用戶進行推薦，系統將先透過 Content-based 和 User-based 對用戶做出初步的推薦表，從圖 2-22 中得知是藉由兩個方法的評分比較，可以達到互補的效果，進而提供使用者更好的個人化推薦體驗。我們可以將 Content-base 和 Collaborative Filtering 運算後推薦的項目去做一個簡單的相似度計算，從中得到更進一步的評分標準。以圖 2-22 為例，將 CB 與 CF 推薦出來的結果混和做成一個混合推薦，將推薦結果照先後給分，例如 CB 推薦的第一項給五分、第二項給四分…以此類推；同樣 CF 也是，最後將兩個序列作加總，將得分依照高低做最後混合式的推薦。當然還有更多複雜的運算方式，這裡只是簡單的做個舉例，其中如何計算與設計演算法間的權重都是要很重要的。

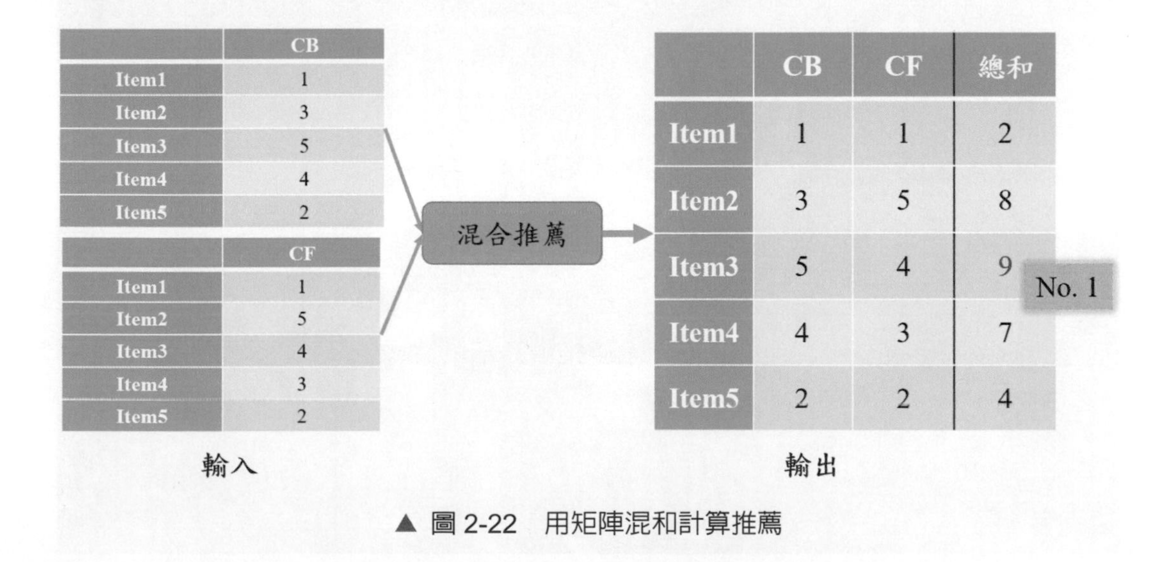

	CB
Item1	1
Item2	3
Item3	5
Item4	4
Item5	2

	CF
Item1	1
Item2	5
Item3	4
Item4	3
Item5	2

	CB	CF	總和
Item1	1	1	2
Item2	3	5	8
Item3	5	4	9
Item4	4	3	7
Item5	2	2	4

▲ 圖 2-22 用矩陣混和計算推薦

2-5 疾病預測與醫療

隨著醫療的進步，人們對疾病的處理態度不再只限於對症下藥，預防勝於治療的觀念也逐漸普及於大衆的認知。隨著人工智慧的發展，對大量的醫療數據進行分析，以便對重大疾病能進行預測，已是人工智慧應用於醫療領域的發展趨勢。醫療領域，相對於其他任何行業，對於現今熱門的人工智慧、深度學習等技術的使用，更具急迫性與重要性。隨著人工智慧的普及，儘管有許多危言聳聽的言論聲稱人工智慧將把人類引向世界末日，但事實上，這些技術正在努力地拯救我們的生命。

不論是對抗癌症、預測心血管疾病，甚至是降低短期死亡率，人工智慧都是最強大的盟友之一。舉例來說，IBM 的「華生醫師」為全球第一個人工智慧的癌症治療輔助系統，雖然它不是醫生，卻已經接受 6 年癌症醫學的特訓，每年消化 5 萬篇的新研究資料，這後面的關鍵在於，人工智慧的技術使電腦系統能夠快速地閱讀、分析收集來的大數據資料。有些人認為華生無法和病人進行有情感的溝通，也沒辦法了解病人的情緒、經濟狀況及健保制度等民情，而這些都是需要身為人的醫生才有辦法做到的。因此，到目前為止，並不是所有醫生都願意使用華生，不過當「需要」變得迫切，自然而然，大家就會採納新科技。

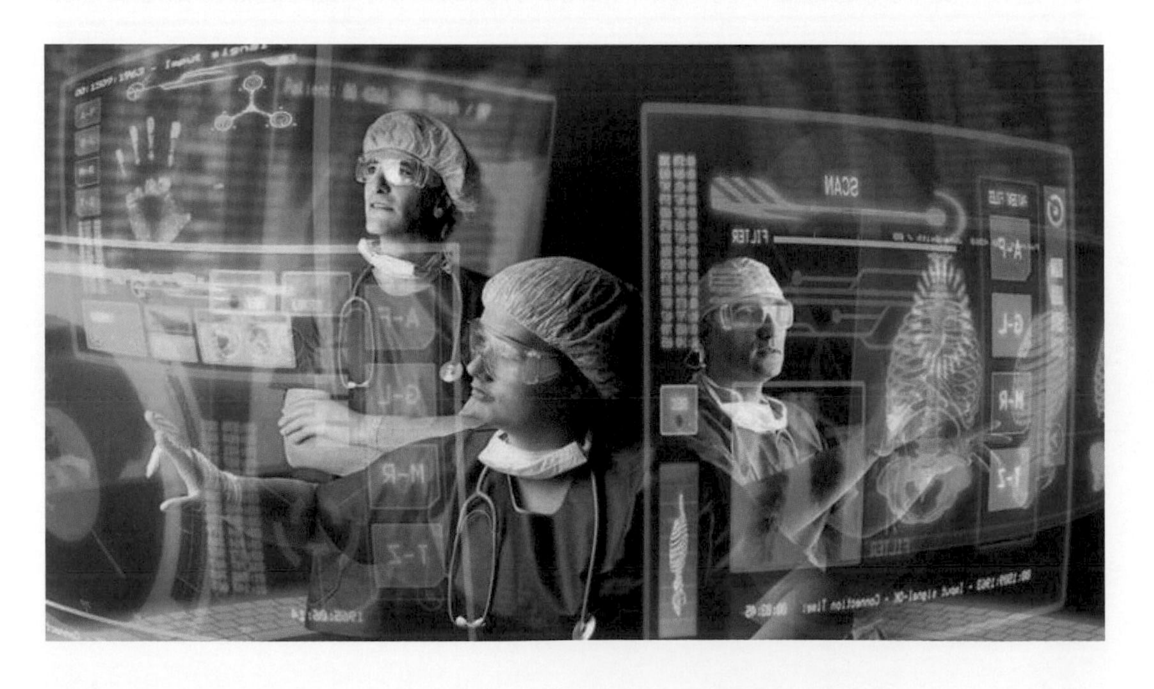

在全世界中，心血管疾病蟬聯多年全球十大死因冠軍寶座，由於心血管疾病的症狀鮮少顯現，一旦發病就有性命的危險。在過去，如果要找出疾病，常常需要進行心臟冠狀動脈 CT 掃描等一系列的精密檢查，但如今，利用人工智慧便能夠有效達到過去不及的預測準確率。Google Brain 的研究機構發現，單靠視網膜眼底圖，就可以很準確地預測出許多心血管相關疾病的危險因素。利用擅長分析圖像的卷積神經網路，來分析眼底圖的特徵，可以準確地分析出的患者身體資訊來判斷患者的年齡、性別、是否吸菸和血壓等資訊，這些資訊都是預測心血管疾病風險的重要因子，再利用此資訊分析出心血管病狀出現前或出現後的特徵。分析結果可以讓醫師快速的做出更精準的診斷結果，進而推斷出在未來五年內，70% 的時間中是否具有罹患心血管疾病的風險。

雖然說，深度學習的方法常常因為缺乏透明度以及可解釋性而廣受批評，但 Google Brain 卻認為他們的方法是合理並且可執行的。採用注意力技術來確認眼底圖中，哪些像素對預測特定心血管危險因素較為重要，例如：血管是確定血壓狀況的關鍵特徵等。而利用視網膜圖像，並不是 Google Brain 的第一次，2016 年也曾經提出了關於深度學習早期發現糖尿病視網膜病變的研究，這代表深度學習應用在視網膜圖像來預測心血管疾病，有著更多的可能性。

▲ Google Brain
（資料來源：https://fullstackfeed.com/google-brains-ai-achieves-state-of-the-art-text-summarization-performance/）

相關影片

Google AI，能準確預測人的發病率

從眼底圖像中檢測糖尿病性視網膜病變、判斷心血管風險，提供轉診建議，以及從乳房 X 光片中檢測乳腺病變、使用核磁共振成像進行脊柱分析。甚至有研究證明單個深度學習模型在多個醫療模態中都很有效(如放射科和眼科)。但是，這些研究的一個關鍵限制是人類醫生與算法性能之間的對比缺乏臨床背景，它們把執行診斷的情形限制在僅使用圖像的條件下。而這通常會增加人類醫生進行診斷的難度，現實醫療環境中醫生可以看到醫療影像和一些補充數據，包括病人的病史、健康記錄、其他檢測和口述等。

一些診所開始使用圖像目標檢測和分割技術，處理緊急、不易被發現的病例，如使用放射圖像標註大腦中的大動脈閉塞，這主要是因為，病人在永久性大腦損傷發生之前所剩的時間極其有限(幾分鐘)。此外還有癌症病理切片讀取，該任務需要人類專家費力地掃描和診斷超高畫素圖像(或同樣大小的實體圖像)，現在該任務可以使用能夠檢測有絲分裂細胞或腫瘤區域的卷積神經網路來輔助進行。訓練之後的卷積神經網路用於量化組織病理圖像中的 PD-L1 數量，這項任務對確定病人要接受哪種免疫腫瘤藥物非常重要。結合像素級的分析，卷積神經網路甚至被用於發現生存機率相關組織的生物學特徵。

Google Brain 的團隊也利用 AI 技術，取得過往無法獲得的資訊(例如 PDF 上的標註、圖表上的註記等等)來分析判斷，在取得和分析資料的時間上，比起過往的方法都來的更有效率。舉例來說，一位患有晚期乳癌的的女性患者，在經過兩名醫生的放射性掃描後，被評估在住院期間可能死亡的機率為 9.3%，但，Google Brain 使用 AI 演算法對該患者進行閱讀十萬多個數據點後，對其住院期間可能死亡機率評估為 19.9%，在不久幾天後，患者就過世了。這樣說明了，AI 對於特徵的讀取和最後評估，都比過往的技術還要精準及有效。在未來，Google Brain 將放眼更多醫療類別，為其設計專屬的 AI 系統。

雖然許多醫療 AI 應用，目前仍然只在影像判讀上有較多的著墨，但在這人工智慧和大數據正風起雲湧的時代，在不久之後，會大幅地改變全球的醫療體系與大環境。或許不至於取代人類在醫療領域中的地位，但必定會成為醫療領域中強力的助手。

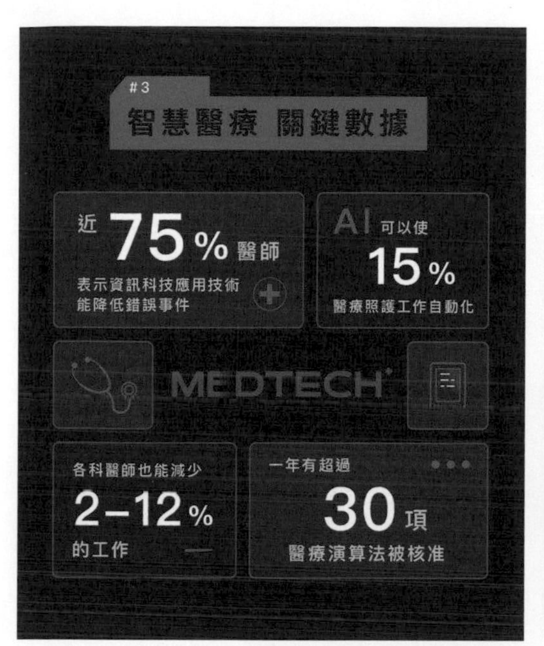

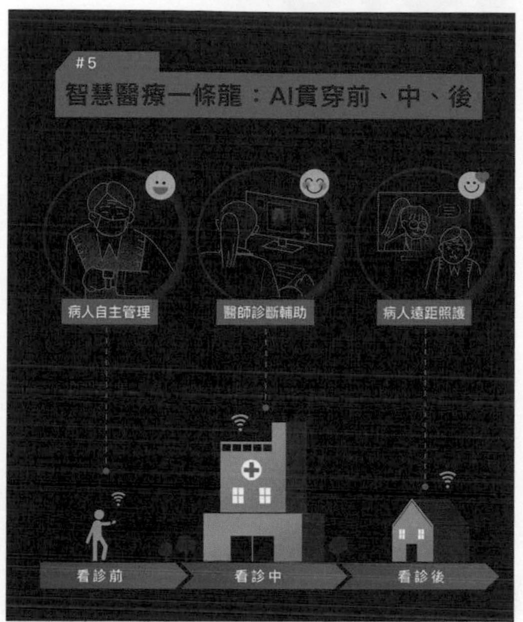

(資料來源：未來城市 https://futurecity.cw.com.tw/)

Note

Artificial
Intelligence
Literacy
And
The Future

Chapter

3

機器學習是什麼－分類篇

前言

當你使用 Gmail 接收郵件的時候，是否發現垃圾郵件會自動分到垃圾郵件文件夾？使用 Facebook 時，圖片中自動標記您的朋友和家人。Alexa 不但會撥放您喜歡的歌曲，也可以為您預訂 Uber，在家中與其他物聯網設備連接，追蹤您的健康狀況等。觀看 Netflix 的影片時，它會自動推薦您可能喜歡的影片。這些日常生活中習以為常的事，其實背後都是使用機器學習的技術。Gmail 利用機器學習來過濾垃圾郵件，它使用機器學習演算法和自然語言處理功能來即時分析電子郵件，並將其分類為垃圾郵件或非垃圾郵件。Facebook 人臉驗證系統背後的邏輯是機器學習，利用面部特徵以標記您的朋友和家人。Alexa 是以機器學習和自然語言處理為基礎的高級虛擬助手，提供人們許多日常的服務。Netflix 的核心是推薦引擎，建議您觀看的內容超過 75%，而這些建議是透過機器學習而得出的。

機器學習的過程包含建立預測的模型，用來發現問題的解答。首先定義問題的目標，我們必須了解到底需要預測什麼？然後收集可用的資料，包括內部的資料和從外部網路爬取的資料。在準備資料中，數據集中將會遇到很多不一致的情況，例如缺少值、重複的變量、重複值等。消除此類不一致的動作 非常重要，因為它們可能導致錯誤的計算和預測。資料探索包含了解資料的模式和趨勢，此階段，將得出有用的見解，並了解變量之間的相關性。使用訓練資料集，選擇適當的機器學習的演算法建立模型，然後使用測試資料集檢查模型的效率及其預測結果的準確性，調整相關的參數，改進模型的效率。最後模型就可以用來預測輸入資料的結果。整個機器學習的過程如圖 3-1 所示。

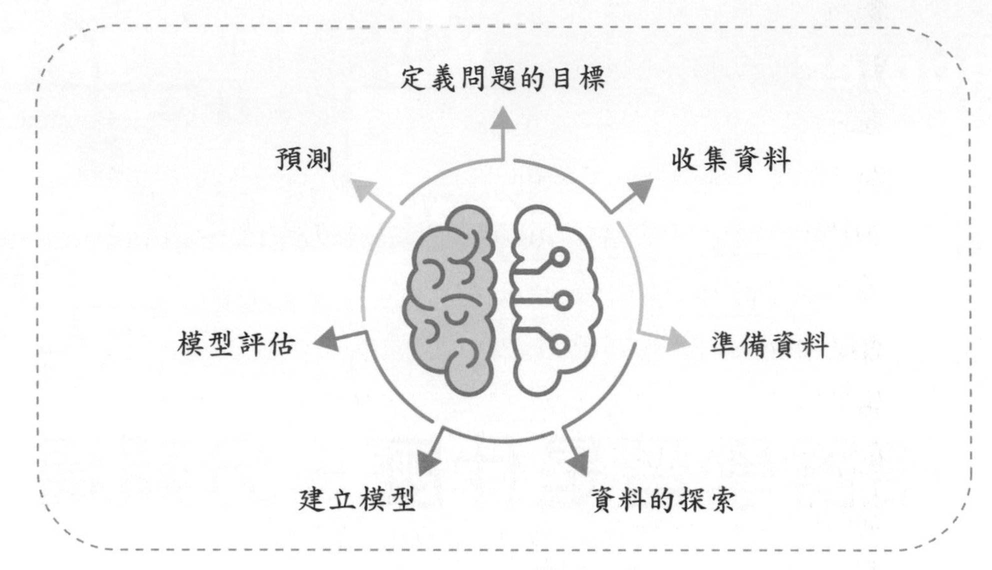

▲ 圖 3-1　機器學習的過程

3-1　機器學習簡介

機器學習 (Machine Learning) 是一種數據分析技術，它教導計算機模仿人類從經驗中學習。機器學習直接從數據「學習」資訊，而不依賴於預定的程式作為模型。什麼是從經驗中學習呢？舉例來說，人類是如何學會辨識貓呢？我們不是辨識貓的所有詳細特徵：「尖耳朵、人字型嘴巴、細長鬍鬚、四肢腳、體型、毛色等」，短毛貓、波斯貓、緬因貓、暹羅貓等貓咪的外型特徵都不一樣。小孩從小學習辨認貓，並不是父母先教小孩什麼是貓，而是當小孩看到貓時，就告訴小孩這是貓，看到其他不同動物，例如老虎、豹、狗，而認錯為貓時，就進行糾正，久而久之，小孩就自然而然地「學」會辨識貓了，如圖 3-2。雖然不是原本看過的貓，我們仍然知道這是一隻貓。傳統讓電腦辨識出貓的方法，需要將所有貓的特徵以窮舉法的方式、詳細輸入所有貓的可能條件，比如貓有圓臉、細長鬍鬚、瘦長的身體、小嘴巴和一條長尾巴。

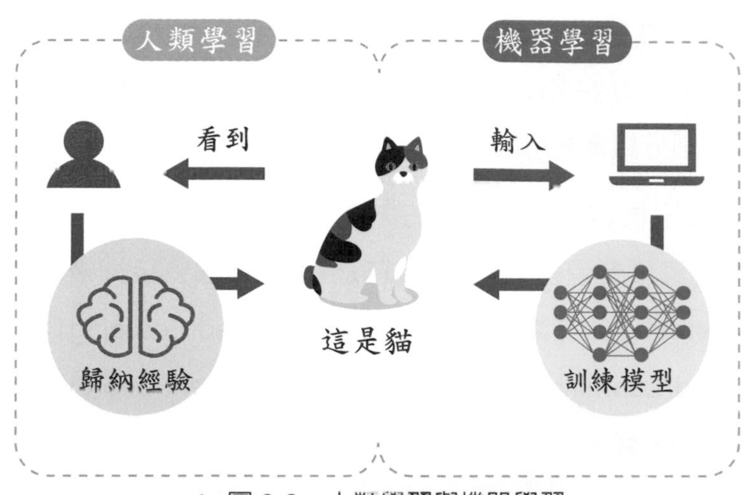

▲ 圖 3-2　人類學習與機器學習

AI 新手一定要了解的兩個技術：機器學習 vs 深度學習

什麼是機器學習？

機器學習應用於各方面，在日常生活方面，手機內建的 GPS 和三軸加速度計，平常便會收集許多有用的數據，當我們開車出遊時，可透過手機導航軟體，提供建議行車的路線和預估到達的時間；利用手機叫車服務，只要輸入目的地，系統會幫我們預估行車的時間和費用。在監控安全方面，如果一個人要監控許多的監視器，然後判斷是否有異常發生是一件困難的事情，若監視器本身可以自我學習找出可能異常的狀態，例如有人長時間不動或持續徘徊，監視器就可提醒監控人員查看是否有警訊。在社交網路方面，社交軟體會透過不斷收集你的朋友名單、興趣、工作場所及你與他人共享的群組等，經過持續的學習，可以建議你適合的朋友名單如圖 3-3；在平常使用電子

▲ 圖 3-3　機器學習的應用

郵件時，常會收到許多的垃圾郵件，客戶端所使用的垃圾郵件過濾器，也是由機器學習提供的服務。在金融服務方面，使用機器學習防止洗錢，利用比較數百萬筆的交易紀錄，區分買賣雙方之間是合法或非法交易。

以上可以看出機器學習能應用在許多不同的情境和問題中，將探討各種機器學習技術及其學習過程。基於學習風格，機器學習技術被分為監督式學習 (Supervised Learning)、非監督式學習 (Unsupervised Learning)、半監督式學習 (Semi-supervised Learning) 和強化學習 (Reinforcement Learning)，如圖 3-4 所示，為機器學習的分類。

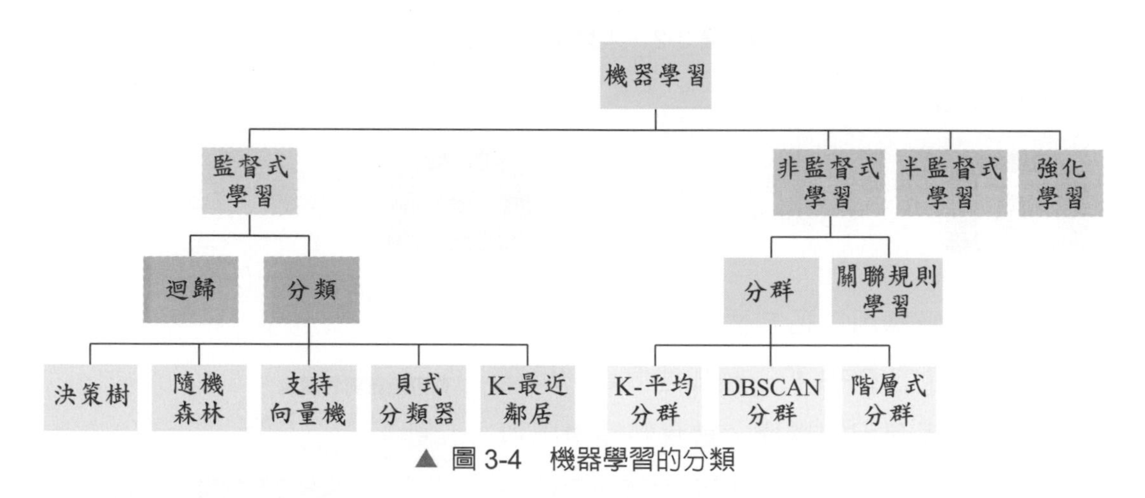

▲ 圖 3-4　機器學習的分類

3-1-1　監督式學習 (Supervised Learning)

監督式學習是機器學習中重要的數據處理方法之一。在監督式學習中，提供演算法的訓練數據稱為標籤，並透過樣本的特徵劃分類別，以建立分類模型，最後，輸入新的樣本即可知道相對應的類別。如圖 3-5 所示，如果想要建立能夠辨識椅子的分類模型，一開始會輸入大量的訓練資料，分別標示是椅子或不是椅子，經過大量的機器學習後，就能根據特徵建立對應的分類模型，最後，只要輸入測試資料，分類模型即能輸出此測試資料是否為椅子。

以垃圾郵件過濾器為例，知識工程和監督式學習是應用於垃圾郵件過濾問題的兩種主要方法，知識工程是著重於建立基於知識的系統，預先定義規則，當電子郵件傳入時再判斷是否為垃圾郵件，此方法的主要缺點是這些規則需要由用戶

或第三方 (例如軟體供應商) 持續維護和更新。相較之下，監督式學習不需要預先定義規則，而是透過許多帶有標籤的電子郵件樣本 (垃圾郵件或普通郵件) 進行訓練，學習如何對新電子郵件進行分類，如圖 3-6 所示，監督學習的垃圾郵件分類。另一個例子是使用廣告預算來預估汽車的銷售量，給定一組稱為預測變量的特徵 (例如行銷費用) 預測目標數值，訓練系統需提供過去大量的汽車廣告預算和銷售量。如圖 3-7 所示，利用監督式學習演算法生成輸入要素和預測目標輸出間關係和依賴關係的模型。

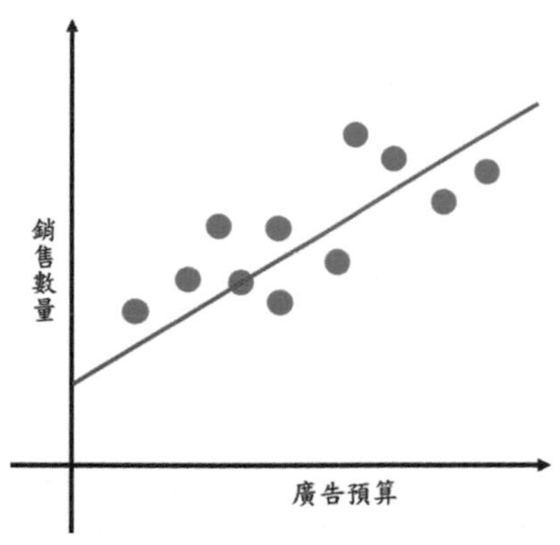

▲ 圖 3-7　使用廣告預算來預估汽車的銷售量

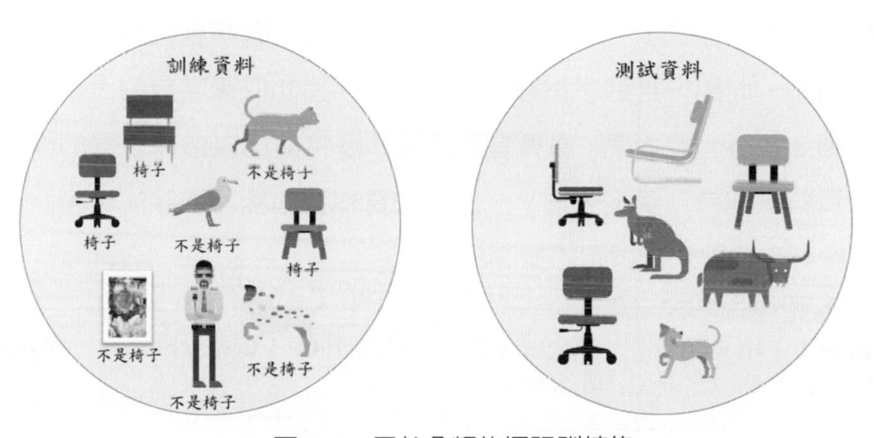

▲ 圖 3-5　用於分類的標記訓練集

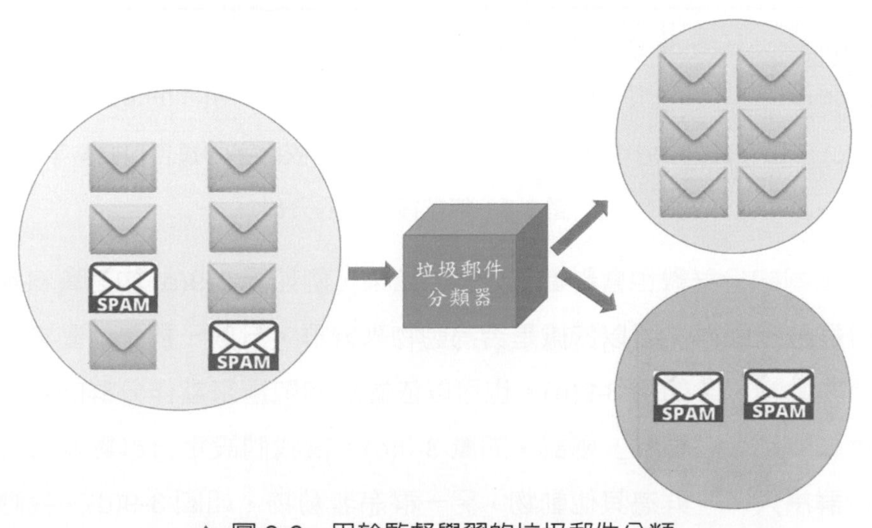

▲ 圖 3-6　用於監督學習的垃圾郵件分類

監督式學習分為迴歸 (Regression) 和分類 (Classification)。分類可分為基於邏輯 (Logic-based) 的演算法，包含決策樹 (Decision Tree) 和隨機森林 (Random Forest)；統計學習 (Statistical Learning) 的演算法，包含貝氏分類器 (Bayesian Classifier) 和支持向量機 (Support Vector Machine，SVM)；還有基於實例的演算法，包含 K- 最近鄰居 (K-Nearest Neighbors，KNN) 等。

3-1-2 非監督式學習 (Unsupervised Learning)

非監督式學習的訓練資料不需要事先以人力處理標籤，機器面對資料時，模型自行試圖從數據中提取關係。例如圖 3-8(a) 中包含 6 筆資料，試圖將這些資料分成兩群。從直覺的觀察中，很容易發現依據顏色可以分為兩群，一群是「紅色」，另一群是「藍色」，如圖 3-8(b)。另外也可以觀察到，有一群資料的字首都是「大寫」，而另一群的字首都是「小寫」。因此依據字首的大小寫也可分成兩群，如圖 3-8(c)。接下來，看看是否還有什麼特徵可以當作分群的條件？可以發現有些資料只包含「英文字母」，但有些資料還包含「數字」，因此可以依據是否只包含英文字母來分群，如圖 3-8(d)。

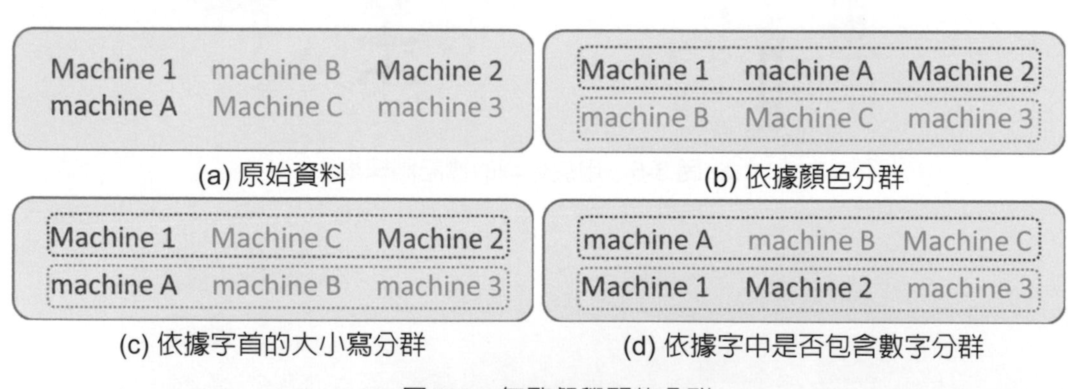

(a) 原始資料　(b) 依據顏色分群
(c) 依據字首的大小寫分群　(d) 依據字中是否包含數字分群

▲ 圖 3-8　無監督學習的分群

另外不同的分群數也會影響到分群的結果，例如圖 3-9(a) 中為資料集，如果我們的分群數為兩群，可以依據是否為動物來分群，分成一群是「動物」，而另一群為「非動物」，如圖 3-9(b)。也可以依據腳的數量來當作分群的特徵，區分為「兩隻腳」和「四隻腳」兩群，如圖 3-9(c)。當我們設定分群數為三群時，可以分成一群為人，一群為其他動物，另一群為非動物，如圖 3-9(d)。我們亦可找到另一種分成三類的不同分群方法，一群為會飛動物，一群為不會飛動物，另一群為非動物，如圖 3-9(e)。當分群數為四群時，我們分成一群為會飛動物，一群為不會飛動物，一群為綠色椅子，另一群為紅色椅子，如圖 3-9(f)。所以非監督式學習的方法不需要事先對資料做標籤當作學習的準則。相反地，它是從資料中自行探索是否有重要的特徵可以當成學習的依據。非監督式學習可以大大減低繁瑣的人力工作，找出潛在的規則。

(a) 原始資料集

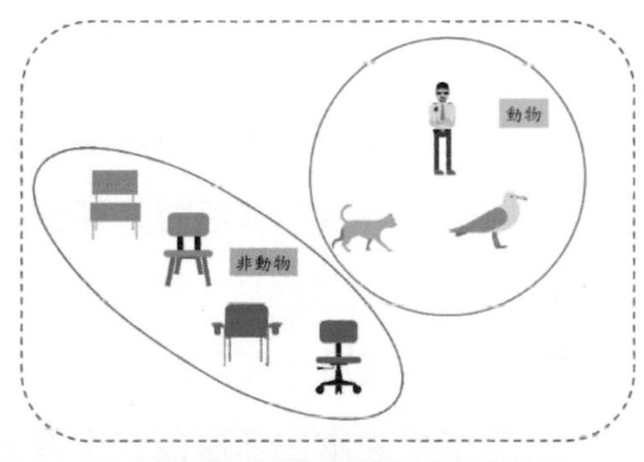

(b) 依據是否為動物來分成二群

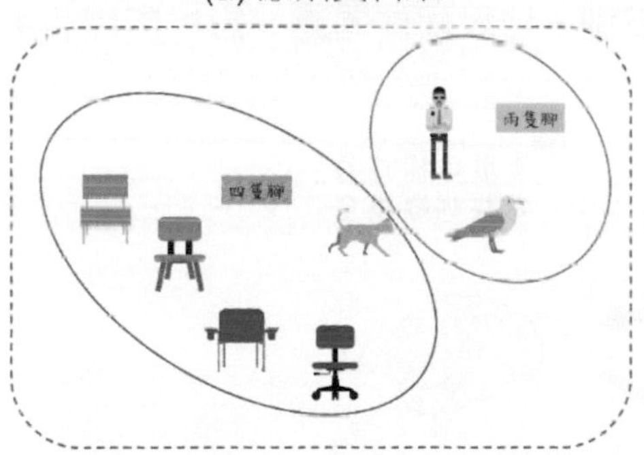

(c) 依據腳的數量來分成兩隻腳和四隻腳兩群

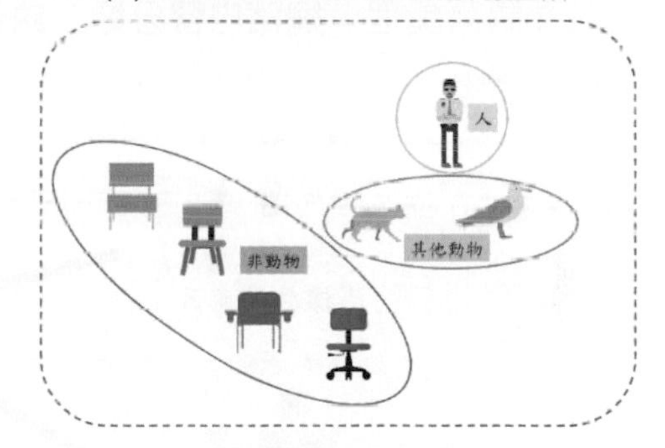

(d) 依據人、其他動物和非動物分成三群

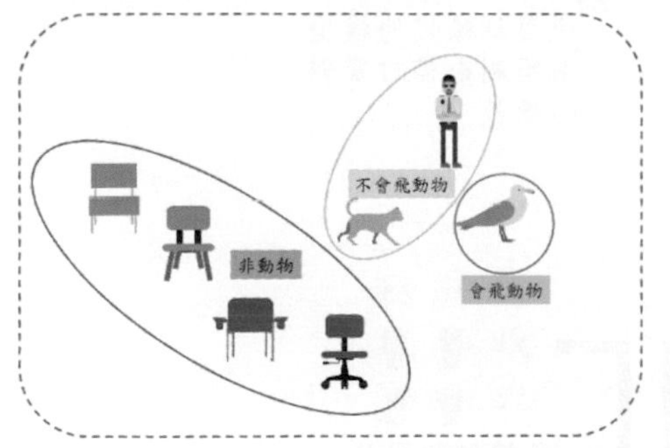

(e) 依據會飛動物、不會飛動物和非動物分成三群

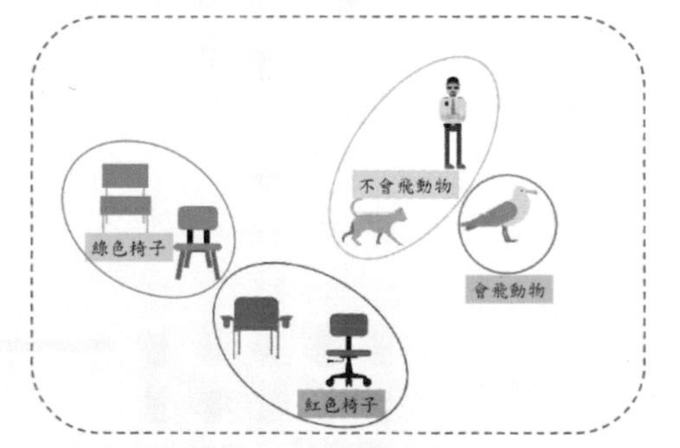

(f) 依據會飛動物、不會飛動物、綠色椅子和紅色椅子分成四群

▲ 圖 3-9 不同的分群結果

3-1-3 半監督式學習 (Semi-supervised Learning)

半監督式學習顧名思義就是結合監督式學習與非監督式學習的一種方法，在監督式學習中，樣本類別的標籤都是已知的，並透過樣本的特徵劃分類別，以建立分類模型，最後，輸入新的樣本即可知道相對應的類別。所以如果有大量的標籤樣本將會增加分類模型的精確度。但是在實際的應用中，有些領域人工標示的樣本成本很高，但是沒有標籤的樣本數量卻非常龐大。所以半監督式學習就是利用大量的無標籤樣本和少量的標籤樣本來解決標籤樣本不足的問題。以資料分類而言，先以有標籤的樣本求出一條分界線，剩下沒標籤的樣本再依據整體分布來調整分界線，同時具有非監督式學習高自動化的優點，又能降低人工標籤資料的成本。例如有 100 張照片，標註其中 10 張哪些是貓哪些是狗。機器透過這 10 張照片的特徵去辨識及分類剩餘的照片，如圖 3-10。因為已經有辨識的依據，所以預測出來的結果通常比非監督式學習準確。半監督式學習具有許多實際的應用，例如自然語言處理、網路內容分類、語音識別、垃圾郵件過濾、影片監控和蛋白質序列分類等。

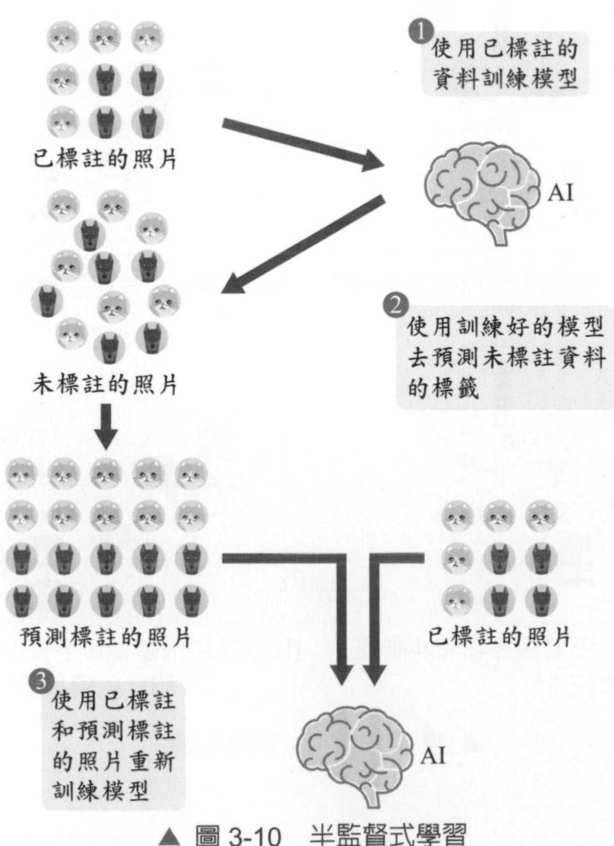

▲ 圖 3-10　半監督式學習

3-1-4 強化學習 (Reinforcement Learning)

強化學習是機器學習的一種方法，讓電腦從一開始什麼資訊都沒有的情況下，透過與環境互動來不斷收集訊息採取行動，並從錯誤中學習，最後找到規律，學會了達到目的的方法。如圖 3-11 所示，強化學習的架構，以學習系統稱為代理人，可以觀察環境，在給定的情況下，選擇執行的行動，並獲得回報或者進行處罰。因此，強化學習須自己學習什麼是最佳策略，以獲得最大的回報。例如，機器人利用強化學習演算法學會如何行走；DeepMind 的 AlphaGo 透過分析數以百萬計的棋譜，並與自己下棋學習獲勝的策略，最後，在 2016 年 3 月擊敗世界圍棋冠軍李世乭，如圖 3-12。

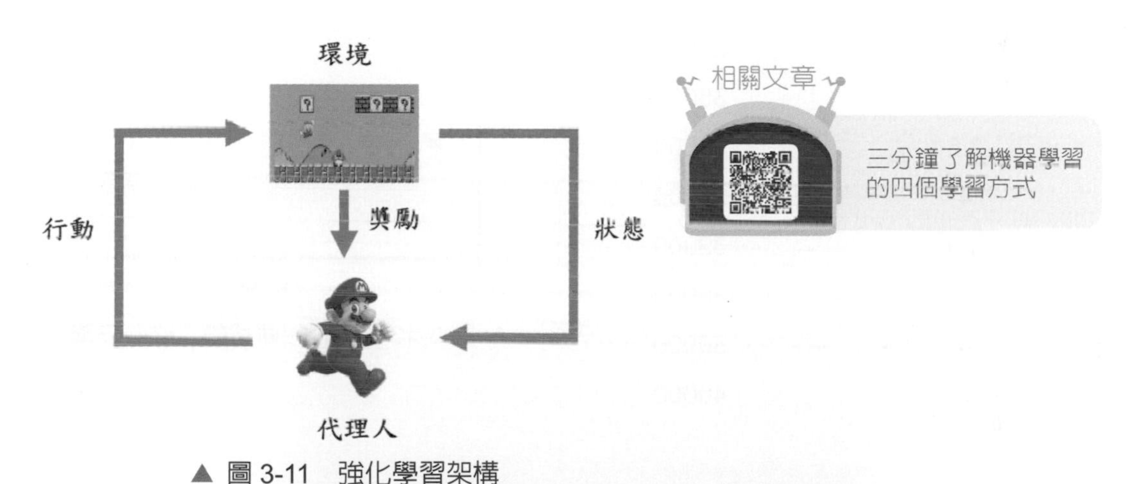

▲ 圖 3-11 強化學習架構

▲ 圖 3-12 AlphaGo
(資料來源：https://news.ltn.com.tw/news/world/breakingnews/2983229)

3-2 迴歸

迴歸可以用來預測連續數值，例如：薪水預測、房價預測及股票預測等，迴歸是一種統計學上分析數據的方法，其目的是找出一個最能代表觀測資料關係的連續函數。例如，有一個人進入一家公司，想預測未來他在這家公司薪資與年資的對應關係，如表 3-1 他利用公司中的員工薪資資料，以橫軸當作員工的年資，縱軸當作員工的薪資，繪出如圖 3-13 的年資和薪資的二維分佈圖。

▼ 表 3-1　年資和薪資的資料集

年資	薪資
1	30000
2	25000
3	35000
3.5	32000
4	35000
4.5	32000
6	35000
6	50000
7	40000

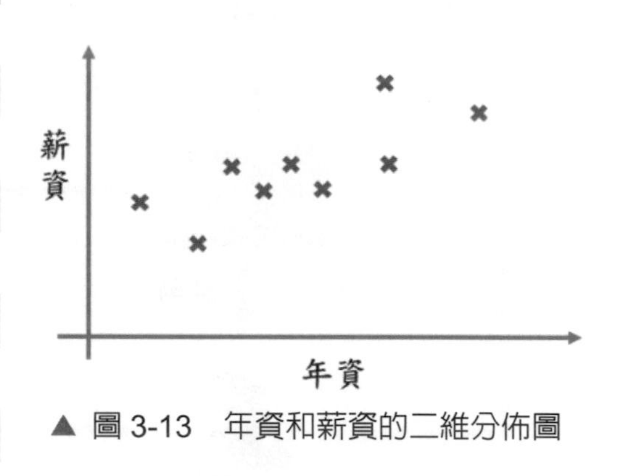

▲ 圖 3-13　年資和薪資的二維分佈圖

假設我們想要預估具有的年資到底會有多少的薪資，如果想預估的年資剛好在圖中的資料中，那薪資即可從中獲得；如果沒有在資料中，將應用迴歸分析，透過這些資料找出年資和薪資的相關性，如圖 3-14(a) 所示，最簡單的模型就是在數據上畫出一條直線，其直線方程式為 $y = wx + b$。如圖 3-14(b) 所示，可以在這個平面中畫出無數的直線，且每一個點都不在直線上，表示點與畫

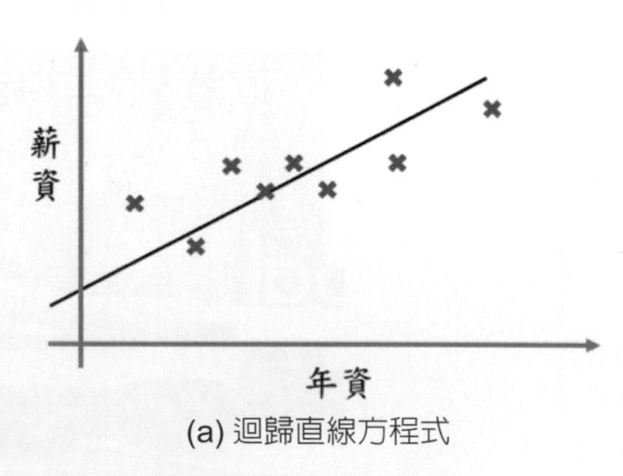

(a) 迴歸直線方程式

▲ 圖 3-14　迴歸預測

出的直線有誤差，如圖 3-14(c) 所示，透過每一個點到畫出的直線求距離，距離代表著預測與真實結果的差異，並利用誤差平方和取最小值來求得最適合的直線，最終即可得到一條誤差平方和最小的直線，便可透過這條直線來估算我們的薪資。

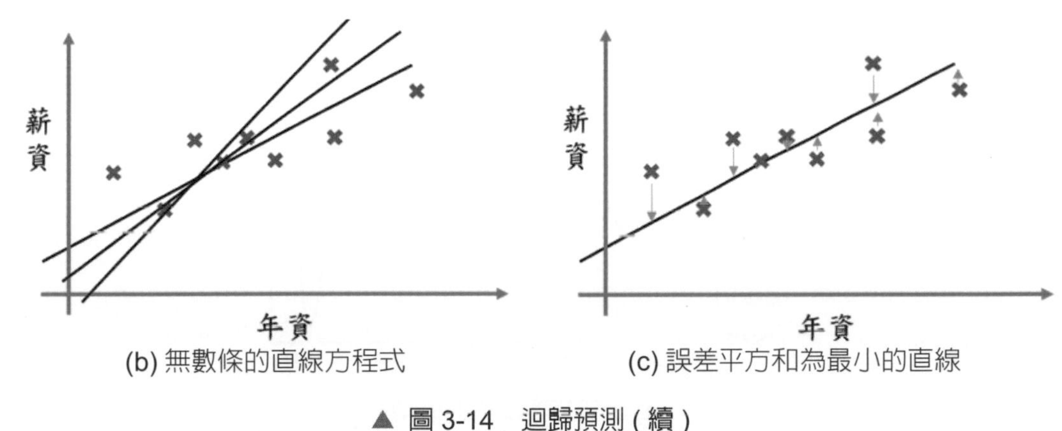

(b) 無數條的直線方程式　(c) 誤差平方和為最小的直線

▲ 圖 3-14　迴歸預測 (續)

目前求出的直線，能將誤差平方和降低，但是薪資的值可能不為線性，也有可能是一個二次的函數，如圖 3-15(a) 所示，重複先前的步驟，並使誤差平方和最小化。若二次函數可以更精準，則一直增加次方項，就會得到如圖 3-15(b)，在這個結果下誤差平方和幾乎為 0，但增加次方項結果不一定是最好的，仍需根據例子而有所取捨。

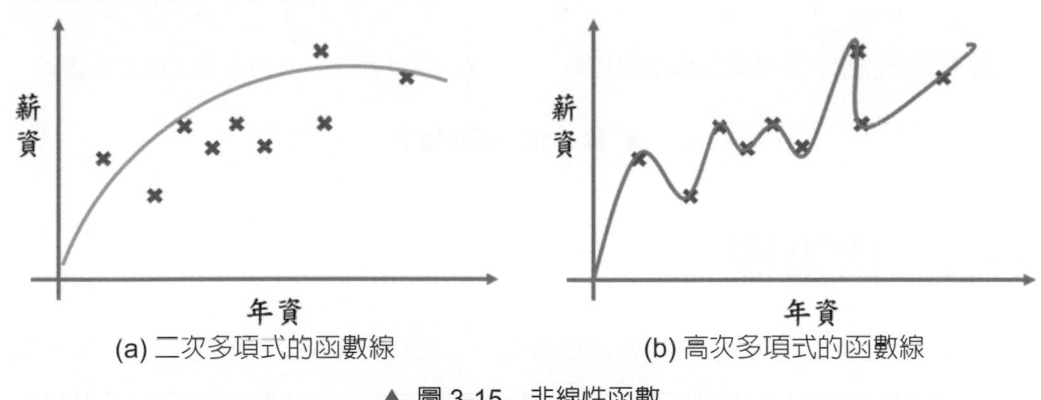

(a) 二次多項式的函數線　(b) 高次多項式的函數線

▲ 圖 3-15　非線性函數

雖然求得的模型非常符合現有的資料集，但是由於太過於客製化，反而沒辦法預測出一般的趨勢。如圖 3-16(a) 所示，藍色的點是用來訓練的資料，如果採用十次方多項式，幾乎可以得到最佳解，也就是最小的誤差平方和，若套用在預測的資料上，如圖 3-16(b) 中的綠色點，可以看到此模型和預測的資料趨勢相差過大，即發生過度擬合 (Overfitting) 的現象，這意味著它們在訓練期間非常準確，而在預測未來的數據期間產生非常差的結果。反之，如圖 3-16(c) 所示，如果只採用二次方多項式，反而較接近預測值的趨勢。

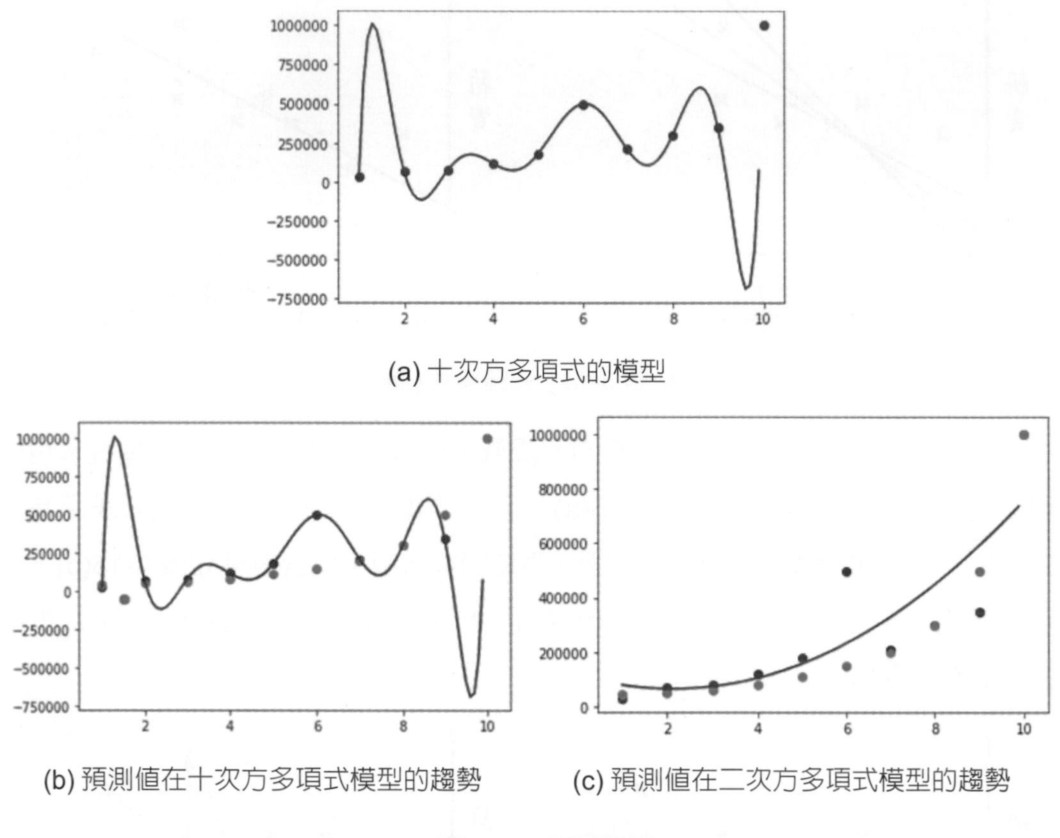

(a) 十次方多項式的模型

(b) 預測值在十次方多項式模型的趨勢

(c) 預測值在二次方多項式模型的趨勢

▲ 圖 3-16　預測模型

3-3 決策樹

決策樹是廣泛用於分類和迴歸的模型。以區分四種動物 (鳥、狗、魚和蝦) 為例，透過詢問問題來得到正確答案，動物是否有毛，能將動物區分為「鳥和狗」及「魚和蝦」兩類，如果答案為「是」，便詢問動物是否會飛，以分辨鳥和狗；如果答案為「否」，便詢問動物是否有腳，以分辨魚和蝦，這一系列問題可以表示為決策樹，如圖 3-17 所示。

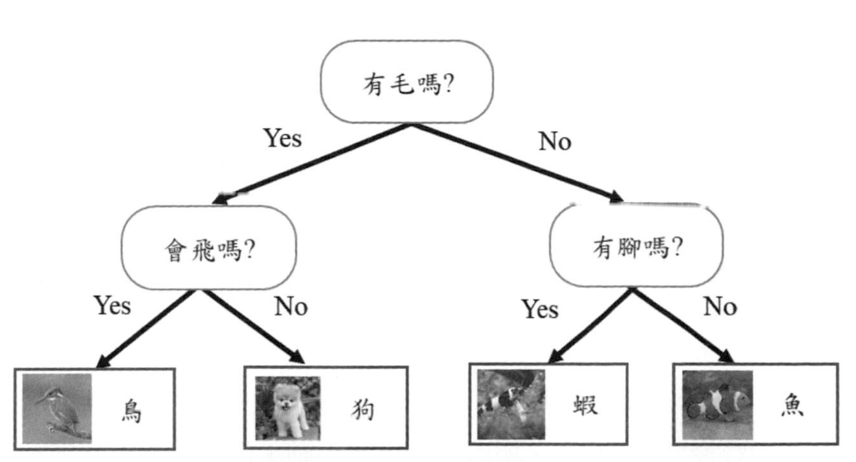

▲ 圖 3-17 分辨何種動物的決策樹

決策樹中每個節點代表問題，終端節點為答案，箭頭將答案連接到下一個會問的問題。在機器學習中，建立一個模型，使用三個特徵「有毛」、「會飛」和「有腳」，來區分四類動物，鳥、狗、魚和蝦。可以使用監督式學習從數據中學習，而不是手工製作這些模型。

以判斷炸雞是否好吃為例，首先收集炸雞的油溫和油炸時間，導致好吃或不好吃的結果數據如表 3-2，有五筆資料。根據收集的資料，想要預測第 6 筆資料，當油溫 70 度，油炸時間 30 秒時，製作出來的炸雞是否好吃？

▼ 表 3-2 炸雞的數據

編號	油溫	油炸時間	好不好吃
1	50	80	好
2	45	60	不好
3	19	100	不好
4	100	30	好
5	100	70	不好
6	70	30	?

1. 首先以油溫來當作判斷的節點，如果油溫 <60 度時，形成左子樹，有第 1、2、3 筆資料，其他第 4、5 筆資料的油溫皆≥ 60 度，因此右子樹節點包含這兩筆資料，如圖 3-18 所示。
2. 接下來左子樹以油炸時間是否 <70 秒當作判斷的節點，如果油炸時間 <70 秒，形成左子樹，此時有第 2 筆資料，其他第 1、3 筆資料≥ 70 秒。

3. 再往下判斷油溫是否 <20 度，如果油溫 <20 度，形成左子樹，有第 3 筆資料，油溫≥ 20 度，形成右子樹，有第 1 筆資料。
4. 最後處理一開始的右子樹，判斷油炸時間是否 <50 秒？如果油炸時 <50 秒，形成左子樹，有第 4 筆資料，油炸時間≥ 50 秒，形成右子樹，有第 5 筆資料，此時決策樹就完成了。

此時根據這個決策樹來預測第 6 筆資料的結果炸雞是否好吃？首先判斷油溫是否 <60 度？因為油溫是 70 度所以往右分支移動。接下來判斷油炸時間是否 <50 秒？因為油炸時間是 30 秒，所以往左分支移動，最後到達好吃的終端節點。

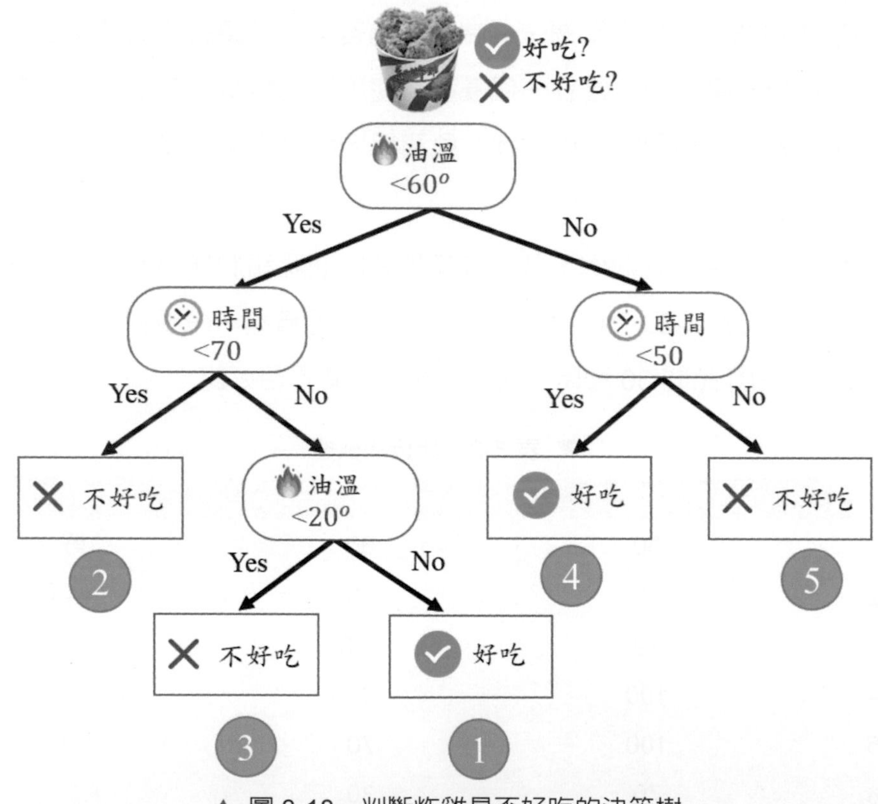

▲ 圖 3-18　判斷炸雞是否好吃的決策樹

以下將說明決策樹如何在二維空間中分割出類別，如圖 3-19 所示，二維簡單決策樹空間的圖形，X 軸是油炸時間，Y 軸是油溫。

1. 決策樹根節點測試油溫是否 < 60 度，故在圖中為 Y 軸上油溫 60 度的水平線，將平面分割成上下方，在該水平線的下方是油溫 < 60 度；而上方是油溫 ≥ 60 度。

2. 下一個決策樹中的左分支節點測試油炸時間是否 < 70 秒，故在圖中為 X 軸上油炸時間 70 秒處的垂直線，將平面分割成左右方，在該垂直線的左方是油炸時間 < 70 秒；而右方是油炸時間 ≥ 70 秒。
3. 接下來以下一條水平線區隔油溫是否 < 20 度。
4. 同理，在根節點的右分支也與左分支的做法相同，可以找到下一條垂直線測試油炸時間是否 < 50 秒，用來分割資料。

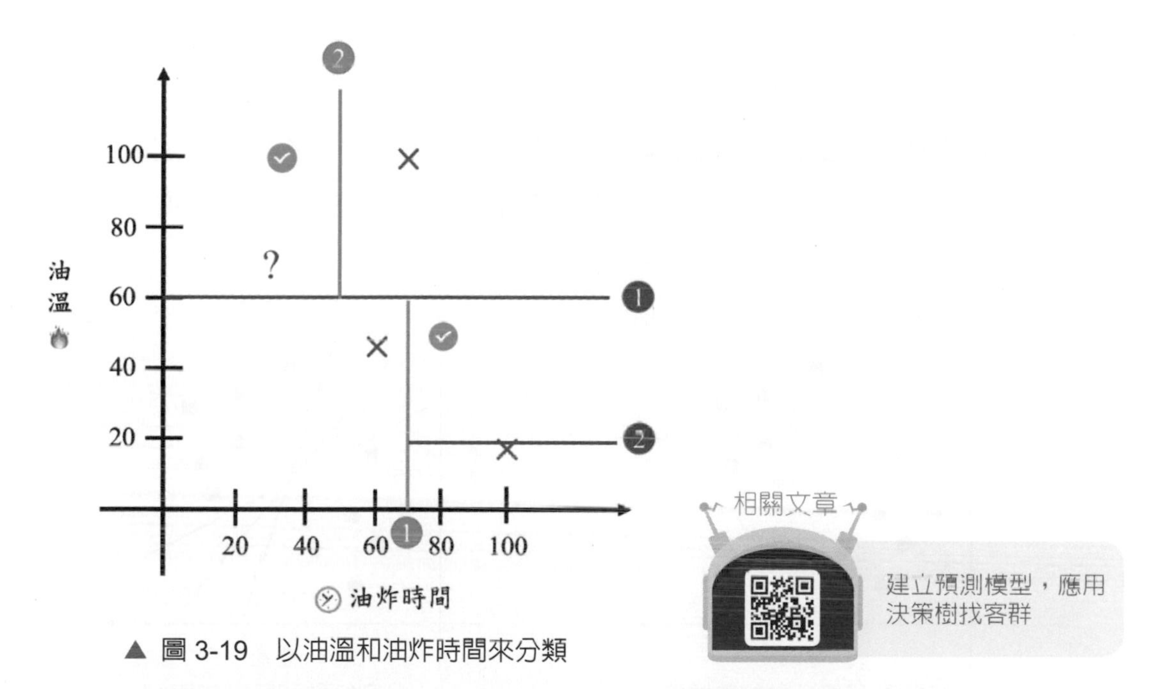

▲ 圖 3-19　以油溫和油炸時間來分類

每當從決策節點中追蹤樹中的路徑時，每個內部節點都可利用各條件將二維空間做劃分，以便在各子區域中分類答案。決策樹的優點為人類容易解釋決策過程，廣泛應用於商業、醫療及數據分析，且使用簡單，在預測及訓練時相當有效率；其缺點為相較於其他的機器學習有較少的理論保證，且著重的是設計一個看起來不錯的模組，模組可能含有很多個不同的巧思去符合特定資料。

3-4　支持向量機

支持向量機是一種監督式學習的分類器，它可以找到一個最佳超平面來對數據進行分類，並在兩類的數據之間找到分隔線。如圖 3-20(a) 所示，橫軸為身高，縱軸為體重，將女生 (紅點) 和男生 (藍點) 進行分類，而任務是找到一條理想的

分隔線，將這個數據集分成兩類，如圖 3-20(b) 所示，可以畫出一條直線將女生和男生分開，但是這一條線有許多的可能性，而要找的直線是能夠將數據進行有效的分類，同時保證直線的兩邊樣本盡可能遠離此直線，如圖 3-20(c) 所示，實線部分即是要尋找的直線，且為了使兩邊分類的點盡可能地遠離直線，也就是虛線部分的點盡可能遠離，而這些虛線上的點即稱為支撐向量，如圖 3-20(d) 所示，有兩個支持向量機的直線分別為藍色和紅色，其中藍色的向量距離比紅色大，若有一個未知的星狀點要進行分類，依據紅色的支持向量機來分類將會歸類成女生，而依據藍色的支持向量機來分類將會歸成男生，可以觀察到，其實星狀點與男生 (藍點) 的距離比起女生 (紅點) 還要近，所以分類成男生似乎比較合理，這也就是為什麼支持向量機要使兩邊分類的點盡可能地遠離直線的原因，使得誤差容忍度較大，分類時不易判斷錯誤。

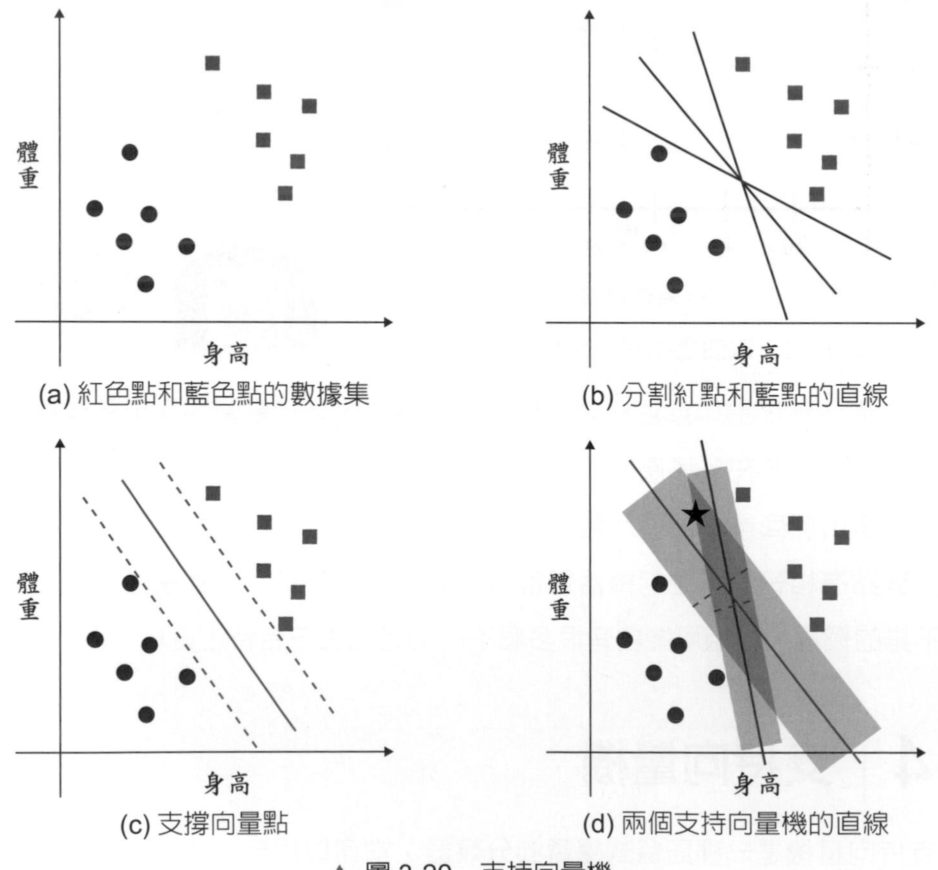

▲ 圖 3-20　支持向量機

支持向量機建立分隔線，一旦有一條有助於識別邊界，其他的分隔線的訓練數據即為多餘，提供來自給定數據集的最佳分類。因此，支持向量機的模型複雜性不受訓練數據中遇到的特徵數量的影響，亦非常適合處理學習任務，其中特徵數量相對於訓練實例的數量很大。

3-5 單純貝氏分類器

貝氏分類是基於統計學習方法的監督式學習演算法，直接假設所有的隨機變數之間具有條件獨立的情況，因此可以直接利用條件機率相乘的方法，計算出聯合機率分布。如圖 3-21(a) 所示，假設有一個裝有八顆球的桶子，其中三顆是足球，五顆是籃球，如果我們從桶子中並隨意拿出一顆球，拿到足球的機率是 3/8，而拿到籃球的機率是 5/8，我們將足球機率寫為 P(足球)，透過計算足球的數量並將其除以球的總數即為 P(足球) 的機率。如圖 3-21(b) 所示，若有八顆球在兩個桶子裡，想計算從桶子 A 中拿出足球的機率，則為條件機率。考慮從桶子 A 中拿出足球的機率，我們可以寫成 P(足球 | 桶子 A)，且答案是 1/3，而 P(足球 | 桶子 B) 是 2/5。

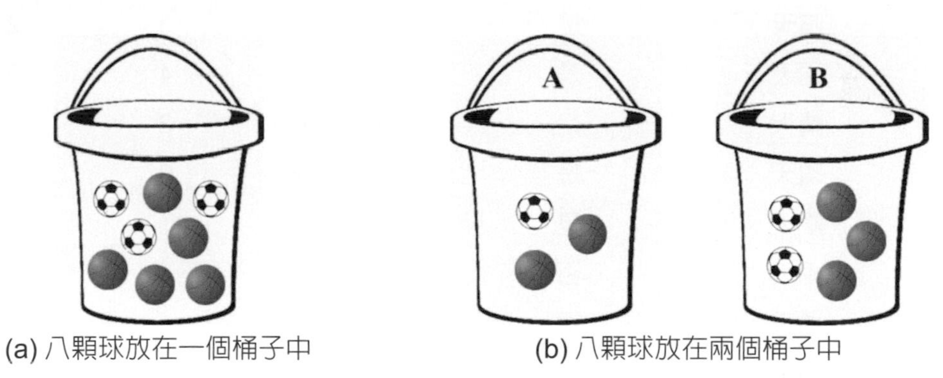

(a) 八顆球放在一個桶子中　　(b) 八顆球放在兩個桶子中

▲ 圖 3-21　拿出足球的機率

以下是計算條件機率的公式：P(足球 | 桶子 A) = P(足球和桶子 A) / P(桶子 A)。P(足球和桶 A) 是 1/8，因為總共八顆球，而桶子 A 中有一顆足球；P(桶子 A) 是 3/8，因為總共八顆球，而桶子 A 中有三顆球，因此，P(足球 | 桶子 A) = P(足球和桶子 A) / P(桶子 A) = (1/8) / (3/8) = 1/3。

貝氏定理假定事件 A 和事件 B 發生的機率分別是 P(A) 和 P(B)，則在事件 B 已經發生的前提之下，事件 A 發生的機率如 (3-1) 式：

$$P(A \mid B) = \frac{P(B \mid A)P(A)}{P(B)} \tag{3-1}$$

以下舉一個例子來說明，假設我們開了一家餐廳，根據以前的來客紀錄，統計天氣和顧客來店的數據集，如表 3-3 所示，再根據天氣情況對顧客是否來店進行預測。首先從資料集中得知共有晴天、陰天和雨天三種天氣型態，分別統計這三種天氣型態中是否有顧客的次數，在這 14 天的統計中，在 5 天的晴天中，其中 2 天有來客，其餘 3 天沒有客人；4 天的陰天中，沒有任何顧客；5 天的雨天中，其中 3 天有來客，其餘 2 天沒有客人，由此可以得到天氣和顧客來店的頻率表，如表 3-4 所示。

▼ 表 3-3　天氣和顧客來店的數據集

天氣	是否來客
晴天	否
陰天	是
雨天	是
晴天	是
晴天	是
陰天	是
雨天	否
雨天	否
晴天	是
雨天	是
晴天	否
陰天	是
陰天	是
雨天	否

▼ 表 3-4　天氣和顧客來店的頻率表

頻率表		
天氣	是	否
晴天	3	2
陰天	4	0
雨天	2	3
總數	9	5

假設天氣晴朗，預測顧客是否會來餐廳，即計算 P(是 | 晴天) 的值，並依據貝氏定理可以寫成 (3-2) 式：

$$P(\text{是}|\text{晴天}) = \frac{P(\text{晴天}|\text{是}) \times P(\text{是})}{P(\text{晴天})} \quad (3\text{-}2)$$

將分別求 P(晴天 | 是)、P(是) 和 P(晴天)。

1. P(晴天 | 是) 是在顧客上門時天氣是晴天的機率，也就是在 9 天顧客上門中有 3 天是晴天，所以 P(晴天 | 是) = 3/9 = 0.33。
2. P(是) 是顧客上門的機率，在 14 天中 9 天有顧客上門，所以 P(是) = 9/14 = 0.64。
3. P(晴天) 是晴天的機率，在 14 天中有 5 天是晴天，所以 P(晴天) = 5/14 = 0.36。

因此 P(是 | 晴天) = 0.33 * 0.64 / 0.36 = 0.6，反之，P(否 | 晴天) = 1　0.6 = 0.4，也就是說在晴天的條件下，顧客會上門的機率 0.6 大於不會上門的機率 0.4，所以最後預測晴天時顧客將會上門。

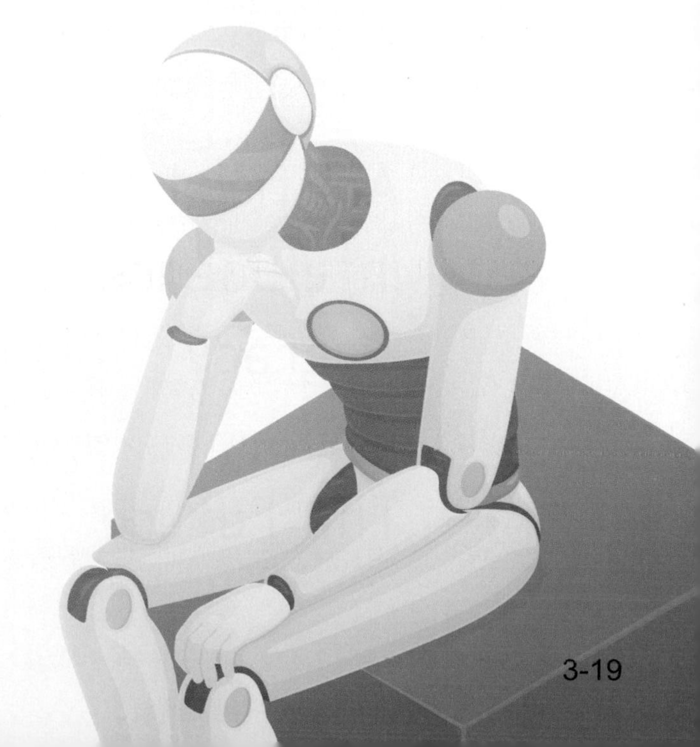

Note

Artificial
Intelligence
Literacy
And
The Future

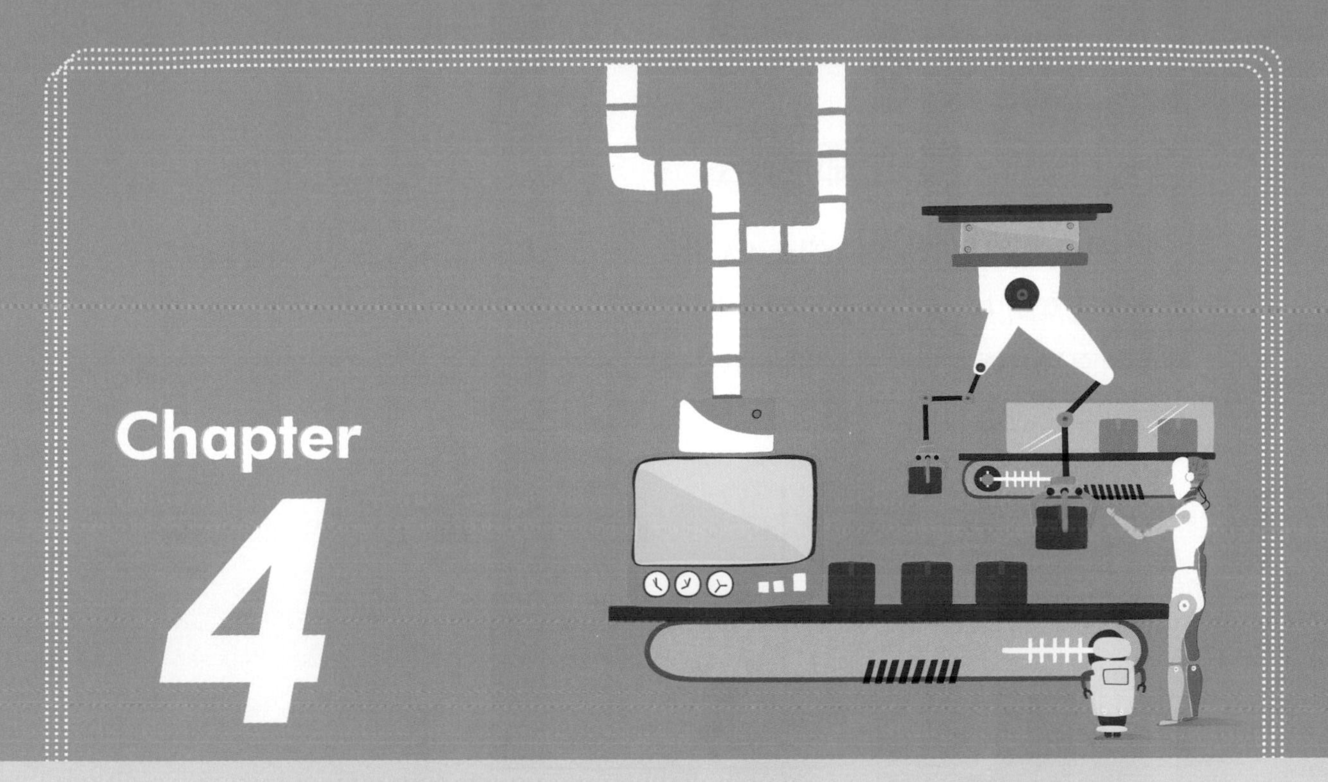

機器學習是什麼－分群篇

前言

如果你是影音串流的網站經營者，可能想區隔這些喜好相似的用戶群組。對於這些用戶事前沒有給予任何標籤，分群演算法試圖根據這些使用者的行為找到一些關連。可能發現 30% 的用戶是喜歡看動作片的男性，並且通常在晚上觀看；其中 40% 是在周末看愛情文藝片的女性等。如果使用分層分群演算法，它還可以將每個群組細分為更小的群組，協助每個群組的推薦廣告。另外關聯規則學習的目標是挖掘大量數據並發現屬性之間的有趣關係。例如，在超級市場的銷售資料庫中應用關聯規則學習，可能會發現購買烤肉架和啤酒的人也傾向於購買牛排。因此，你可能希望將這些商品放在彼此靠近的位置。以上種種的應用都是屬於無監督式的學習，也就是不用事先給定標籤，藉由資料間的關係，自動找出關聯性。

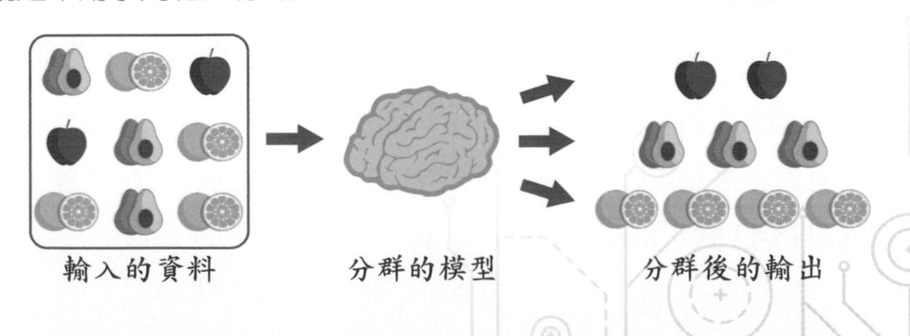

4-1 K- 最近鄰居法

先從一個例子來說明，如圖 4-1 所示，有紅色圓形和藍色正方形兩種數據點，直覺地觀察圖中特定綠色星形數據點明顯屬於藍色正方形，而最近鄰居法就是一種使用直覺技術的演算法，透過附近或相鄰點的特徵，並預測了新數據點可能屬於的群。

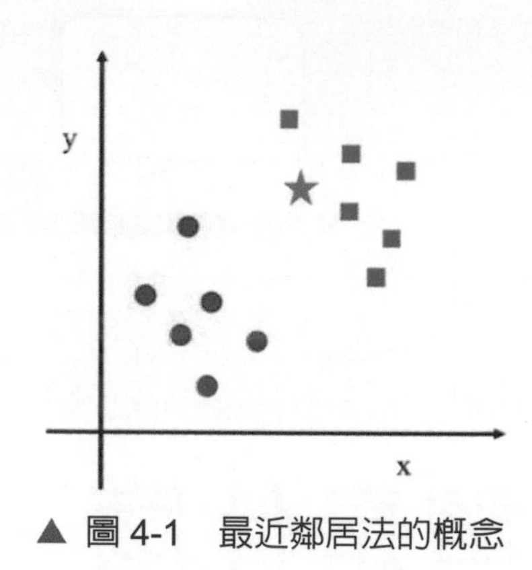

▲ 圖 4-1　最近鄰居法的概念

最近鄰居法使用距離測量技術找到最近鄰居，有許多計算距離的方法，以下介紹幾種計算兩點 X 和 Y 間的距離 D(X, Y) 方法：

1. 歐幾里得距離：

歐幾里得距離是資料科學中最廣泛應用的距離度量，使用空間中兩點的直線距離，它通用、直覺，而且計算非常快速。計算公式如 (4-1) 式：$X(x_1, y_1)$ 和 $Y(x_2, y_2)$

$$D(X, Y) = \sqrt{(x_1 - x_2)^2 + (y_1 - y_2)^2} \quad (4\text{-}1)$$

假設 X 的座標是 (0, 0)，Y 的座標是 (3, 3)，則 D(X, Y) 的歐幾里得距離為

$$D(X, Y) = \sqrt{(0-3)^2 + (0-3)^2} = 3\sqrt{2} = 4.2$$

2. 曼哈頓距離：

曼哈頓距離代表在曼哈頓市中心的街道為棋盤狀，從一地點到另一地點時移動的總街道距離為東西向的總移動距離加上南北向的總移動距離。曼哈頓距離的公式如 (4-2) 式：$X(x_1, y_1)$ 和 $Y(x_2, y_2)$

$$D(X, Y) = | x_1 - x_2 | + | y_1 - y_2 | \tag{4-2}$$

假設 X 的座標是 (0, 0)，Y 的座標是 (3, 3)，則 D(X, Y) 的曼哈頓距離為

D(X, Y) = | 0 － 3 | + | 0 － 3 | = 6。

如圖 4-2 所示，歐幾里得距離和曼哈頓距離的比較，紅色的直線為 D(X, Y) 的歐幾里得距離 4.2，而藍色的線段為 D(X, Y) 的曼哈頓距離 6。

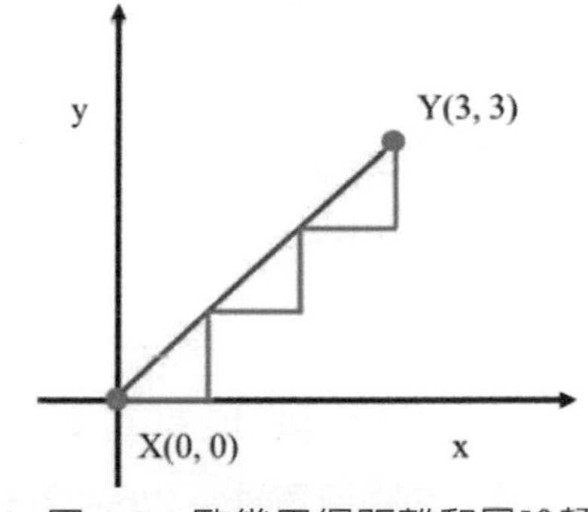

▲ 圖 4-2　歐幾里得距離和曼哈頓距離的比較

3. 餘弦距離：

幾何中夾角餘弦可用來衡量兩個向量方向的差異，借用這一概念來衡量樣本向量之間的差異。以文本分類為例，每個詞彙或標記都對應至一個維度，而一份文件在各維度上的位置，即是對應的詞彙在該文件中的出現次數。餘弦距離的公式如 (4-3) 式：$X(x_1, y_1)$ 和 $Y(x_2, y_2)$

$$1 - \cos\theta = 1 - \frac{x_1 x_2 + y_1 y_2}{\sqrt{x_1^2 + y_1^2}\sqrt{x_2^2 + y_2^2}} \tag{4-3}$$

假設在文件 X 中「人工智慧」一詞出現 5 次，「機器學習」一詞出現 12 次，而在文件 Y 中「人工智慧」一詞出現 6 次，「機器學習」一詞出現 10 次。將這兩份文件以這兩個詞彙的計數向量來呈現便是 X = (5, 12)，Y = (6, 10)，因此，這兩份文件的餘弦距離就是：

$$1 - \frac{5 \times 6 + 12 \times 10}{\sqrt{5^2 + 12^2}\sqrt{6^2 + 10^2}} = 1 - \frac{150}{152} = 0.013$$

表示兩者距離相近，因此，此例中 X 和 Y 的距離很近，即這兩份文件的內容很接近。

4. 傑卡德距離：

將兩個物件 X 與 Y 各視為一組特徵的集合，將 X 與 Y 所有特徵結合起來的大小 (聯集)，亦即 $|X \cup Y|$；以及將 X 與 Y 所有的特徵集合大小 (交集)，也就

是 $|X \cap Y|$。傑卡德距離的公式如 (4-4) 式：

$$D(X, Y) = 1 - \frac{|X \cap Y|}{|X \cup Y|} \tag{4-4}$$

當集合 X 和集合 Y 兩者之間的交集越大時，兩者之間的距離就越短，特別當集合 X 和集合 Y 相同時，傑卡德距離為 0。

假設集合 X = {a, b, c, d}，集合 Y = {c, d, e, f}，所以 $|X \cap Y|$ = {c, d}，$|X \cup Y|$ = {a, b, c, d, e, f}。交集中有 2 個元素，聯集中有 6 個元素，因此，傑卡德距離為 1 – 2/6 = 2/3。

另一個例子，如圖 4-3 所示，給予男性、女性的體重和身高的數據點，為了得知綠色星形的性別，以 K- 最近鄰居法找出最接近的 K 個鄰居。假設 K = 3，我們可以發現距離最近的三個點中有兩個是代表男性的藍色正方形，有一個是代表女性的紅色圓點，所以預測輸入的性別是男性，這是一種非常簡單和合乎邏輯的標記未知輸入的方法，具有很高的成功率。

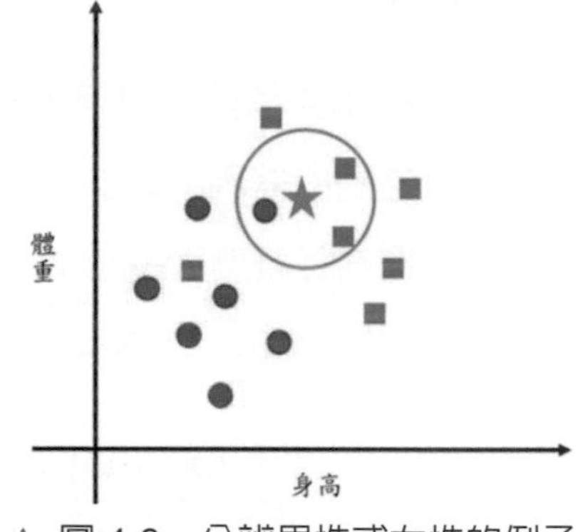

▲ 圖 4-3　分辨男性或女性的例子

若以在電影中大笑次數來判斷電影為喜劇片；以踢人次數來判斷電影為動作片，就能以 K- 最近鄰居法自動辨別電影屬於哪種類型，如圖 4-4 所示，已知六部電影中 A、C 和 E 是喜劇片，而 B、D 和 F 是動作片，畫出這六部電影中的大笑和踢人的次數，並列在表 4-1 中，以此判斷一部還沒有看過的電影 X 為喜劇電影還是動作電影。

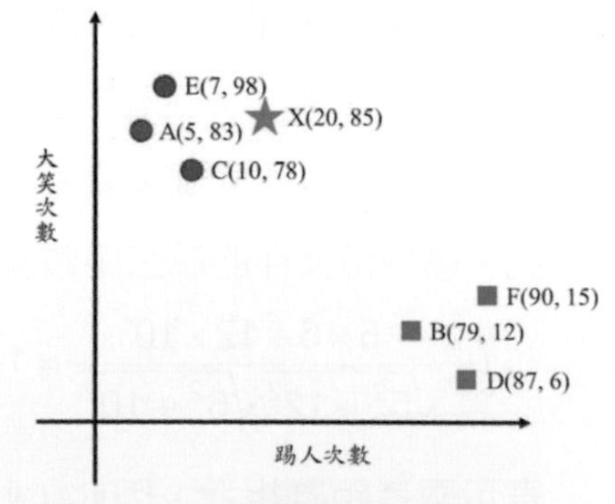

▲ 圖 4-4　依據電影大笑和踢人的次數來分類電影

首先計算出電影 X 與其他電影的相似度，以距離表示，如表 4-2，假設 K = 3，可以得知三部最接近的電影是 A、C 和 E，並以多數投票來確定電影 X 的類型因此，預測電影 X 為一部喜劇電影。

▼ 表 4-1 電影踢人和大笑的次數

電影名稱	踢人次數	大笑次數	電影類形
A	5	83	喜劇
B	79	12	動作
C	10	78	喜劇
D	87	6	動作
E	7	98	喜劇
F	90	15	動作
X	20	85	?

▼ 表 4-2 未知電影 X 到其他電影的距離

電影名稱	與 X 的距離
A	15
B	94
C	12
D	104
E	18
F	99

如圖 4-5 所示，給定不同 K 值可以為每個類別建立邊界，將圖中紅點與藍點分開，若仔細觀察，可以看到隨著 K 值增加，邊界變得更加平滑，而 K 增加到無窮大，最終會變成全藍色或全紅色，取決於哪個顏色的點佔大多數。

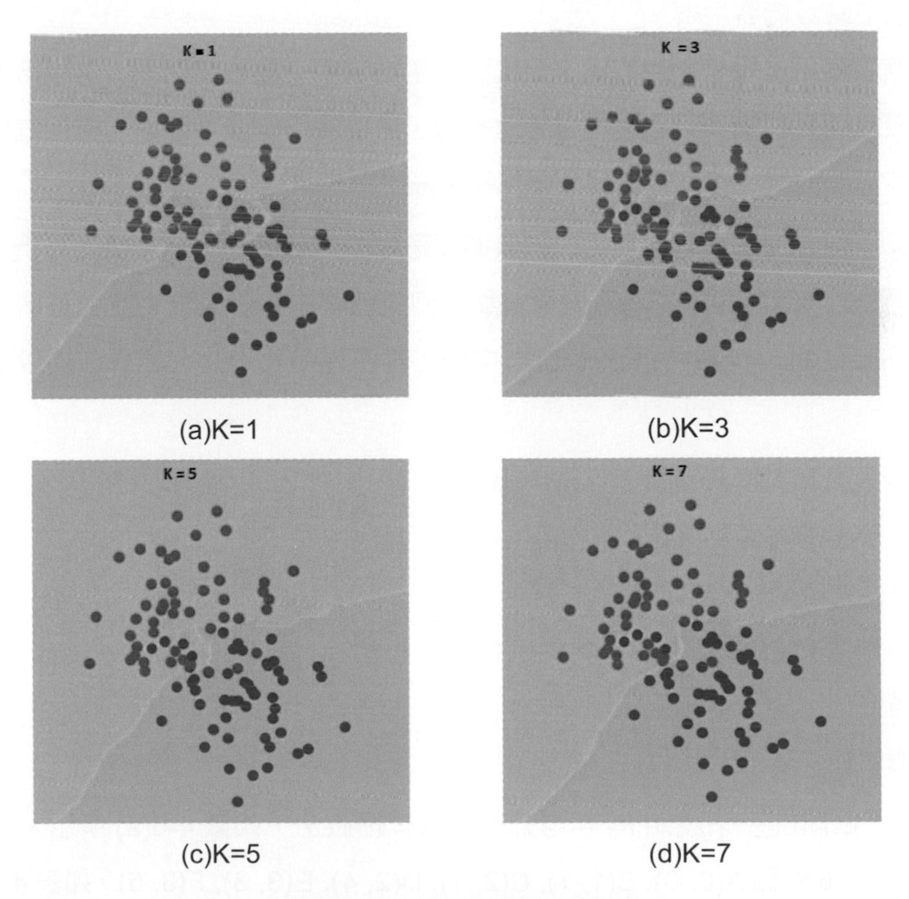

(a)K=1 (b)K=3

(c)K=5 (d)K=7

▲ 圖 4-5 K 值對於邊界的影響

4-2 K- 平均分群

分群與分類不同，分類為事先定義好分類的標籤，依據標籤將資料分類；而分群是直接用資料的特徵將資料分成不同的群，同一群的資料性質相似，不同群的資料性質差異大，所以分群適合以下的應用：

1. **文件分群**：文件分群應用的場景非常廣泛，例如新聞網站包含大量報導文章，為了滿足客戶的喜好類別，需要將這些文章按題材進行自動分群，例如自動劃分成政治、生活、娛樂、財經、社會、國際、體育等主題。
2. **客戶區隔**：根據客戶的購買歷史記錄、興趣或活動監控對客戶進行分群，可幫助行銷人員改善其客戶群。例如電信營運商如何對預付費的客戶進行分群，預測發送訊息和瀏覽網站方面花費的模式。該分群將有助於公司針對特定廣告系列定位特定的客戶群。
3. **詐欺偵測**：信用卡使用方便，但也常衍生出信用卡盜刷的問題。信用卡的持有者與盜用者的購買行為可能會有所不同，所以信用卡公司觀察購買行為模式或基本行為的變化，即可偵測到盜用者，減少損失。

K- 平均分群法很容易從給定的數據集形成一定數量的分群，首先隨機選取 K 個資料點當作群中心，並將每個資料點加到最近群中心的集群，接著重新計算每個集群的群中心，直到所有集群的群中心不再發生變化為止。演算法如以下的步驟：

1. 隨機選取資料集 K 個點當作群中心。
2. 資料集中的每個點計算與 K 個群中心的距離，選擇距離最近的群中心加入該群。
3. 每一群重新計算群中心，如果所有群中心都不再變化，則分群結束。
4. 繼續執行步驟 (2) 至 (3)。

相關影片

全民瘋 AI 系列－非監督式學習 k-means 分群

以下舉個例子來說明 K- 平均分群法的詳細做法，如圖 4-6(a) 所示，在二維的平面上有 6 個點 A(0, 0), B(1, 1), C(2, 1), D(2, 4), E(3, 3), F(3, 5)，如表 4-3(a)，執行 K- 平均分群法，假設需分成兩群設定 K 值為 2，以下為執行步驟。

1. 第一回合，步驟 (1)：

   隨機選擇 2 個點當做群中心，假設選到 B 和 C 兩點。

2. 第一回合，步驟 (2)：

   如表 4-3(b) 所示，分別計算 A、D、E、F 到 B 和 C 的距離，如圖 4-6(b) 所示，因為 A 和 D 離群中心 B 比較近，所以 A、B、D 歸在第一群；同理，E 和 F 離群中心 C 比較近，所以 C、E、F 歸在第二群。

3. 第一回合，步驟 (3)：

   重新計算群中心，第一群的群中心為 (X, Y) = ((0 + 1 + 1) / 3, (0 + 1 + 3) / 3) = (0.7, 1.3)，第二群的群中心為 (X, Y) = ((2 + 2 + 3) / 3, (1 + 4 + 3) / 3) = (2.3, 2.7)，因為新的群中心與舊的群中心不同，所以繼續執行第二回合。

▼ 表 4-3　計算各點到群中心的距離

(a) 資料集各點座標

點	座標
A	(0, 0)
B	(1, 1)
C	(2, 1)
D	(1, 3)
E	(2, 4)
F	(3, 3)

(b) 各點到群中心 B 和 C 的距離

	B	C
A	1.4	2.2
D	2	2.2
E	3.2	3
F	2.8	2.2

(c) 各點到群中心 (0.7, 1.3) 和 (2.3, 2.7) 的距離

	(0.7, 1.3)	(2.3, 2.7)
A	1.5	3.5
B	0.4	2.1
C	1.3	1.7
D	1.7	1.3
E	3	1.3
F	2.9	0.8

(d) 各點到群中心 (1, 0.7) 和 (2, 3.3) 的距離

	(1, 0.7)	(2, 3.3)
A	1.2	3.9
B	0.3	0.5
C	1	2.3
D	2.3	1
E	3.6	0.7
F	3	1

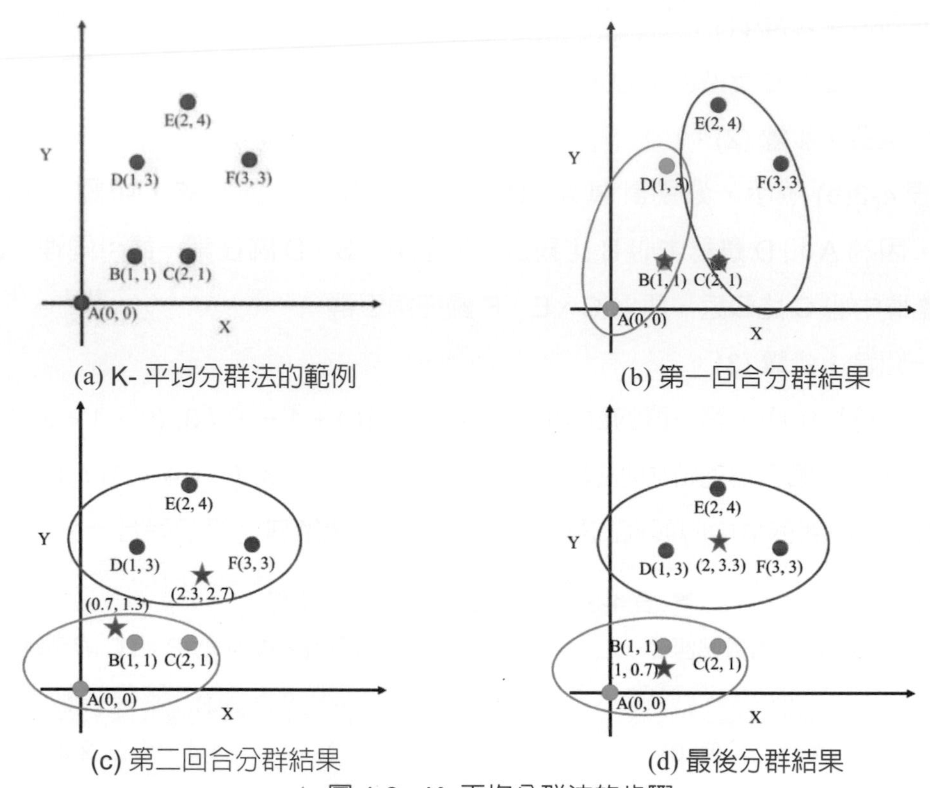

▲ 圖 4-6　K- 平均分群法的步驟

4. 第二回合，步驟 (2)：

   如表 4-3(c) 所示，分別計算各點到第一群中心 (0.7, 1.3) 的距離與第二群中心 (2.3, 2.7) 的距離，如圖 4-6(c) 所示，因為 A、B 和 C 離第一群中心 (0.7, 1.3) 比較近，所以 A、B 和 C 歸在第一群；同理，D、E 和 F 離第二群中心 (2.3, 2.7) 比較近，所以 D、E 和 F 歸在第二群。

5. 第二回合，步驟 (3)：

   重新計算群中心，第一群的群中心為 (X, Y) = ((0 + 1 + 2) / 3, (0 + 1 + 1) / 3) = (1, 0.7)，第二群的群中心為 (X, Y) = ((1 + 2 + 3) / 3, (3 + 4 + 3) / 3) = (2, 3.3)，因為新的群中心與舊的群中心不同，所以繼續執行第三回合。

6. 第三回合，步驟 (2)：

   如表 4-3(d) 所示，分別計算各點到第一群中心 (1, 0.7) 與第二群中心 (2, 3.3) 的距離，如圖 4-6(d) 所示，因為 A、B 和 C 離第一群中心 (0.7, 1.3) 比較近，所以 A、B 和 C 歸在第一群；同理，D、E 和 F 離第二群中心 (2.3, 2.7) 比較近，所以 D、E 和 F 歸在第二群。

7. 第三回合，步驟 (3)：

   重新計算群中心，第一群的群中心為 (X, Y) = ((0 + 1 + 2) / 3, (0 + 1 + 1) / 3) = (1, 0.7)，第二群的群中心為 (X, Y)= ((1 + 2 + 3) / 3, (3 + 4 + 3) /3) = (2, 3.3)，因為新的群中心與舊的群中心相同，所以結束分群，最終分群的結果就是 A、B 和 C 一群，D、E 和 F 為另一群。

4-3 DBSCAN

先來看在圖 4-7(a) 中的例子，如果採用之前介紹過的 K- 平均分群，假設 K 設為 3，可以得到如圖 4-7(b) 的結果，分為紅色、藍色和綠色三群。但是此結果是否夠好？可以發現紅色群和藍色群邊界的點，實際上是非常靠近，但是卻分成不同的群，是否有比較好的方法可以解決這個問題呢？

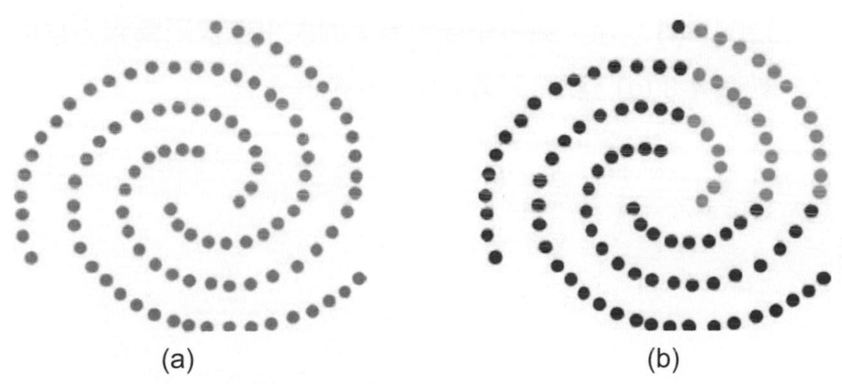

▲ 圖 4-7　(a) 待分群的資料分布 (b) K- 平均分群的分群結果

DBSCAN(Density-Based Spatial Clustering of Applications with Noise) 是一種基於密度的分群演算法，即將相距較近的點聚成一群，然後不斷找鄰居點並加入此群中，直到群無法再擴大，然後再處理其他未拜訪的點。DBSCAN 的特色是不需要預先設定群的數量，可以找出任何形狀的群，並且一些與群比較遠的點當做離群點去掉。

先描述 DBSCAN 的做法，首先給定兩個參數值，一個是半徑距離 ε，一個是密度門檻值 δ。此方法首先隨意任選一個點 X，然後找出以 X 點為圓心，ε 為半徑圓內的所有點。如果圓內的數據點個數小於 δ，那麼這個點 X 被標記為噪音，也

就是說它不屬於任何群。如果圓內的數據點個數大於等於 δ，則這個點被標記為核心點，並被分配一個新的群標籤。然後訪問該點的所有鄰居，如果它們還沒有被分配一個群，那麼就將剛剛創建新的群標籤分配給它們。如果它們是核心點，那麼就依次訪問其鄰居，以此類推。群逐漸增大，直到在群的 ε 距離內沒有更多的核心點為止。然後選取另一個尚未被訪問過的點，並重複以上的過程。

以下舉例說明 DBSCAN 分群法的做法，假設密度門檻值 $\delta = 3$，隨機挑選一個點 Z，以半徑 ε 為藍色圓，如圖 4-8(a) 所示。以 Z 點為圓心的圓內包含 2 個點，小於密度門檻值 δ，所以 Z 為噪音。另外隨機挑選一個點 A，以半徑 ε 為藍色圓，如圖 4-8(b) 所示。以 A 點為圓心的圓內包含 5 個點，所以 A 為核心點，創建新的紅色群，也將 4 個鄰居加入此紅色群，如圖 4-8(c) 所示。接下來以 B 為核心點，它的鄰居也會加入這個紅色群，如圖 4-8(d) 所示。最後建立紅色群的數據點，如圖 4-8(e) 所示。此 DBSCAN 執行到最後即將數據資料分為紅色、綠色和藍色三群，如圖 4-8(f) 所示。另外半徑距離 ε 的大小也會影響到分群的結果，假設 ε 設太大，如圖 4-8 (g)，就將只會分出一紅色群。

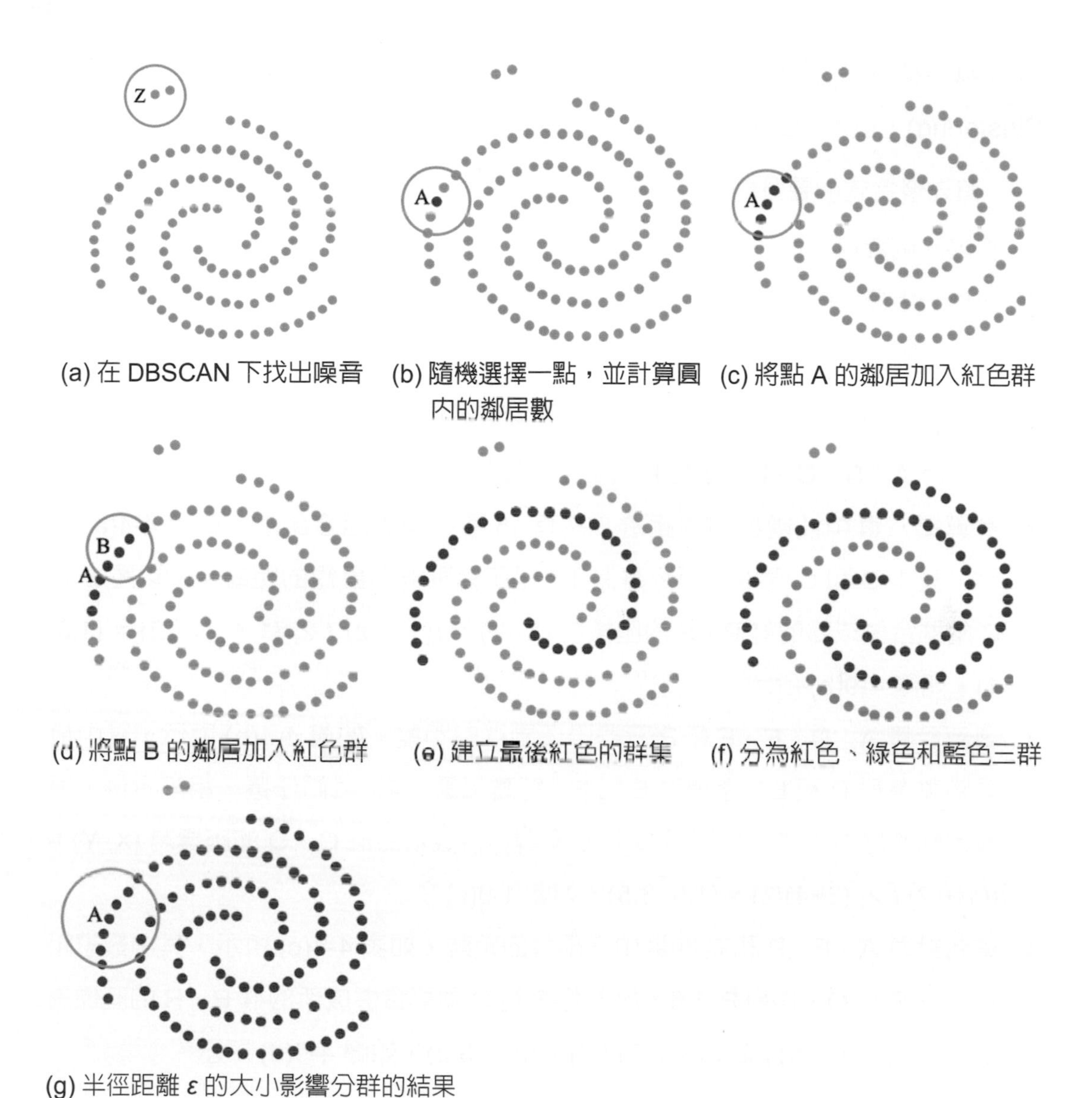

(a) 在 DBSCAN 下找出噪音　(b) 隨機選擇一點，並計算圓內的鄰居數　(c) 將點 A 的鄰居加入紅色群

(d) 將點 B 的鄰居加入紅色群　(e) 建立最後紅色的群集　(f) 分為紅色、綠色和藍色三群

(g) 半徑距離 ε 的大小影響分群的結果

▲ 圖 4-8　DBSCAN 分群法步驟

4-4 階層式分群

階層式分群法是具有階層結構的集群，可以透過將較小的集群迭代地合併到較大的集群中，或者將較大的集群劃分為較小的集群，由階層式分群產生的分群層次稱為樹狀圖，可基於樹狀圖的層級實現不同的集群，使用相似性表示分組集群之間的距離。階層式分群中有兩種分群法，第一，聚合式階層分群法 (Agglomerative Hierarchical Clustering)，使用從下而上的方法，將一組集群

合併為一個更大的集群；第二，分裂式階層分群演算法 (Divisive Hierarchical Clustering)，使用從上而下的方法，將集群拆分為多個子集群。

首先聚合式階層分群法的步驟如下：

1. 將每一個資料當作一個群。
2. 找到一組最近的集群並將它們合併到一個集群中。
3. 重複步驟 2，直到形成的集群數等於事先定義的值。

如圖 4-9(a) 所示，以下為聚合式階層分群法執行的詳細步驟：

1. 初始時 A、B、C、D、E 和 F 六個點，每個點都自成一群，所以共有六群。
2. 計算這六群中任兩群間的距離，共有 15 種不同的組合距離，如表 4-4(a) 所示，其中 B 和 C 兩群間的距離為 1，是所有兩群間最短的距離，所以將 B 和 C 兩群合併成新的群 P，P 的座標為 (X, Y) = ((1 + 2) / 2, (1 + 1) / 2) = (1.5, 1)，如圖 4-9(b) 所示。
3. 重新計算 A、D、E、F 和 P 五群中任兩群的距離，如表 4-4(b) 所示，其中最短距離為群 D 和 E，還有群 E 和 F，距離都是 1.4，我們任選一組來合併，假設選到的是 D 和 E，所以將 D 和 E 兩群合併成新的群 Q，Q 的座標為 (X, Y) = ((1 + 2) / 2, (3+4)/2) = (1.5, 3.5)，如圖 4-9(c) 所示。
4. 重新計算 A、F、P 和 Q 四群中任兩群的距離，如表 4-4(c) 所示，其中最短距離為群 F 和 Q，距離是 1.6，所以將 F 和 Q 兩群合併成新的群 R，R 的座標為 (X, Y) = ((3 + 1.5) / 2, (3 + 3.5) / 2) = (2.2, 3.2)，如圖 4-9(d) 所示。

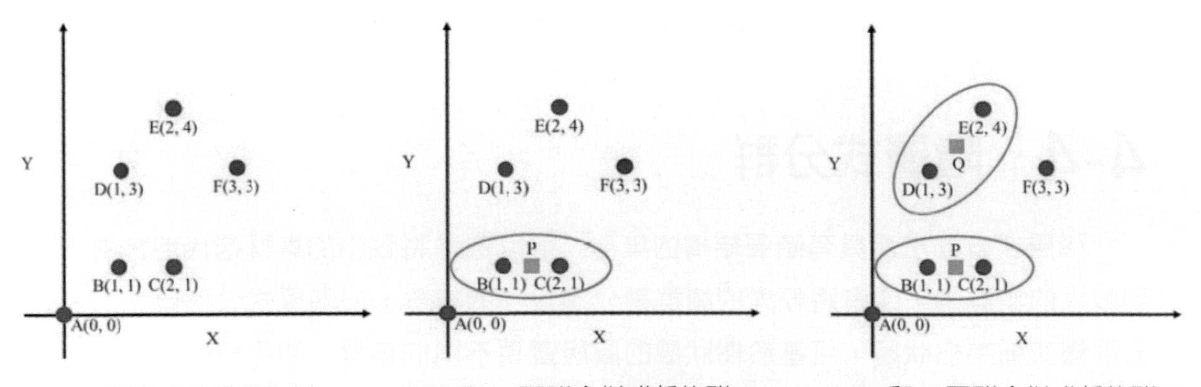

(a) 階層式分群的資料　(b)B 和 C 兩群合併成新的群 P　(c)D 和 E 兩群合併成新的群 Q

▲ 圖 4-9　聚合式階層分群法的步驟

5. 重新計算 A、P 和 R 三群中任兩群的距離，如表 4-4(d) 所示，其中最短距離為群 A 和 P，距離是 1.8，所以將 A 和 P 兩群合併成新的群 S，S 的座標為 (X, Y) = (1.5 / 2, 1/2) = (0.8, 0.5)，如圖 4-9(e) 所示。
6. 最後剩下 R 和 S 兩群，合併成新的群 T，如圖 4-9(f) 所示。

▼ 表 4-4　計算任兩群間的距離

(a) A、B、C、D、E 和 F 任兩群間的距離

	A	B	C	D	E	F
A	0	1.4	2.2	3.2	4.5	42.
B		0	1	2	3.2	2.8
C			0	2.2	3	2.2
D				0	1.4	2
E					0	1.4
F						0

(b) A、D、E、F 和 P 任兩群間的距離

	A	D	E	F	P
A	0	3.2	4.5	4.2	1.8
D		0	1.4	2	2
E			0	1.4	3
F				0	2.5
P					0

(c) A、F、P 和 Q 任兩群間的距離

	A	F	P	Q
A	0	4.2	1.8	3.8
F		0	2.5	1.6
P			0	2.5
Q				0

(d) A、P 和 R 任兩群間的距離

	A	P	R
A	0	1.8	3.9
P		0	2.3
Q			0

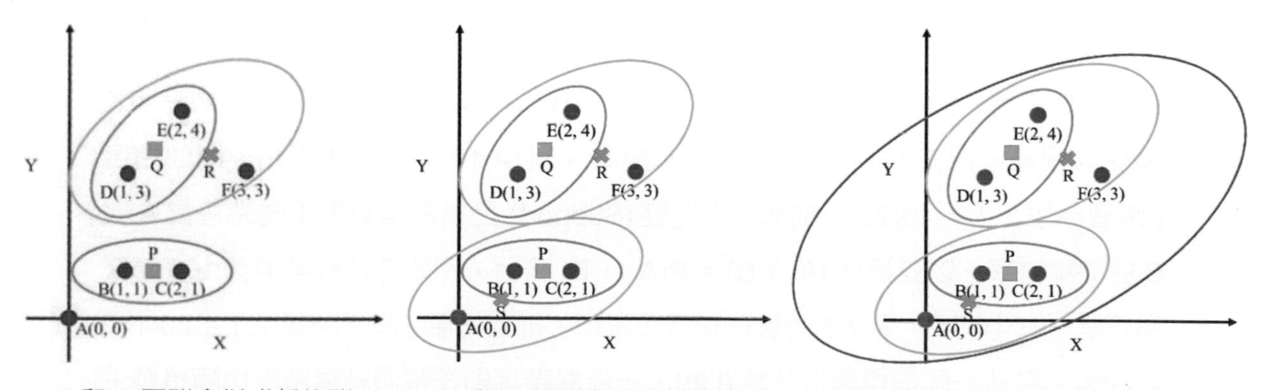

(d)F 和 Q 兩群合併成新的群 R　(e)A 和 P 兩群合併成新的群 S　(f)R 和 S 兩群合併成新的群 T

▲ 圖 4-9　聚合式階層分群法的步驟 (續)

如圖 4-10 所示，為聚合式階層分群法執行各步驟後所產生的樹狀圖。

分裂式階層分群法可以說和聚合式階層分群法完全相反。我們將所有數據點視為一個群，在每次迭代中分成兩群，直到每一群只包含一個數據點。

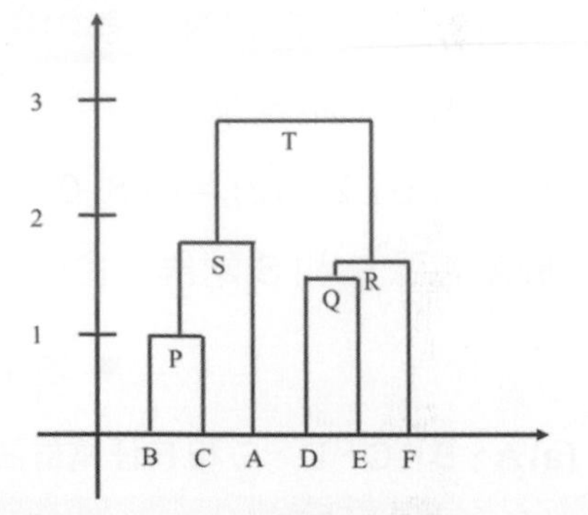

▲ 圖 4-10　聚合式階層分群法的樹狀圖

4-5 關聯規則學習

關聯規則學習主要是依據資料找出頻繁出現的項目組合，因為常用在商品資料上，所以也被稱為購物籃分析 (Basket Data Analysis)。關聯規則的目標是找出共同出現的組合，稱為頻繁樣式，組合之間的關係稱為關聯。以超級市場為例，結帳櫃台每天都收集大量的客戶消費數據，包含購買時間、購買項目、購買數量和購買金額等，這些資料常常蘊含著關聯規則，如購買烤肉的人，80% 會購買烤肉醬，這個關聯很容易理解；經過研究分析發現，在星期五的晚上，年輕的爸爸常被太太要求下班後去超級市場買小嬰兒的尿布回家，而美國週末的娛樂最常在家裡觀看球賽，所以爸爸在買尿布的時候就一起買啤酒，故購買尿布的人有 70% 購買啤酒，這個關聯則不易理解。因此，超級市場知道這些產品的相關性後就可以做一些行銷的策略，如將尿布和啤酒搭配一起促銷，或者將尿布和啤酒擺在相近的地方，讓消費者可以更便利的購買。

信賴度 (Confidence) 是指兩個項目集之間的條件機率，也就是在 A 出現的情況下，B 出現的機率，以信賴度 (A ⇒ B) = P(B | A) 表示，例如在資料集中有 100 筆交易紀錄，已知購買啤酒的交易有 20 筆，其中 10 筆也有買尿布，則信賴度 (啤酒⇒尿布) = 10/20 = 50%。支持度 (Support) 是指每筆交易中同時包含 A 與 B 的交集機率，以支持度 (A ⇒ B) = P(A ∩ B) 表示，例如在資料集中有 100 筆交易紀錄，其中有 20 筆交易有購買啤酒和尿布，則支持度 (啤酒⇒尿布) = 20/100 = 20%。另外一個指標是提升度 (Lift)，一條關聯規則在預測結果時能比隨機發生的機會好多少，也就是這個規則比隨機猜測的準確度提升量，以提升度 (A ⇒ B)

= P(B | A) ／ P(B)= 信賴度 (A ⇒ B)/P(B) 表示。例如在資料集中有 100 筆交易紀錄，已知購買啤酒的交易有 20 筆，其中 10 筆也有買尿布，則 P(尿布)=10%，P(尿布 | 啤酒)=10/20=50%，我們可以求得提升度 (啤酒⇒尿布) = 50%/10% = 500%。那麼 500% > 10%，代表提升度大於 1 (50%/10% = 5)，即啤酒與尿布是正關聯，也就是預期結果比隨機發生好。所以尿布搭配啤酒銷售，比單獨只銷售尿布的結果來得好。

如果 A ⇒ B 信賴度高但支持度低，表示買 A 而且買 B 的比例很高，但是同時買 A 和 B 這種組合佔所有交易的比例很低，那麼對這種組合花費大量的行銷是不符成本的，所以如果設定太低的最小信賴度與最小支持度，則關聯出來的結果會產生太多的規則，造成決策上的干擾，反之，太高的最小信賴度和最小支持度則面臨規則太少，難以判斷。

以下舉超級市場中顧客消費的紀錄來說明關聯規則學習，假設第一筆消費紀錄購買的產品為蘋果 (Apple，以 A 表示)、啤酒 (Beer，以 B 表示)、餅乾 (Cookie，以 C 表示)、尿布 (Diaper，以 D 表示)；第二筆紀錄為蘋果、尿布；第三筆紀錄為蘋果、啤酒、尿布；第四筆紀錄為尿布，如表 4-5 所示，假設此關聯模型的最小支持度為 40%，也就是在所有的交易筆數中，此產品的購買機率至少要大於 40%，才會挑出來進一步考慮與其他產品的關聯性。

▼ 表 4-5　顧客消費紀錄

購買編號	購買產品
1	蘋果 (A)、啤酒 (B)、餅乾 (C)、尿布 (D)
2	蘋果 (A)、尿布 (D)
3	蘋果 (A)、啤酒 (B)、尿布 (D)
4	尿布 (D)

要算所有產品組合在交易中出現的次數和支持度，最簡單的方法是求所有 n 個產品中任 1, 2, …, n 個產品的組合，並在顧客消費紀錄中計算每個組合的出現次數，所以有 n 個產品時，就有 2^n 種組合。但是此方法在現實的場景中可能不太實際，例如有 100 項產品時，就有 $2^{100} \fallingdotseq 1.27*10^{30}$ 種組合，這是一個非常龐大的處理數量，資訊系統很難處理，而 Apriori 演算法就是用來解決運算量過大的方

法。Apriori 所採用的特性是：「若一項目集是頻繁的，則它的所有非空子集合也必定是頻繁的。」也就是說：「如果有一個集合不是頻繁的話，則它的母集合也一定不是頻繁的。」所以做法是從數量低的集合開始做起，當發現某個集合不是頻繁的，則它的母集合也不需要考慮，這樣可以大幅縮減計算的複雜度。

以下舉例說明 Apriori 演算法如何運作，從表 4-5 中，我們可以先算出每個產品在所有交易中出現的次數，並算出支持度，例如蘋果出現 3 次，所以支持度 (蘋果)=75%；啤酒出現 2 次，所以支持度 (啤酒)=50%；所有單一產品購買的次數和支持度可以算出來，如表 4-6(a) 所示。

▼ 表 4-6　計算產品的支持度

(a) 單一產品購買的次數和支持度

產品	購買次數	支持度
A	3	75%
B	2	50%
C	1	25%
D	4	100%

(b) 兩種產品一起購買的次數和支持度

產品	購買次數	支持度
AB	2	50%
AD	3	75%
BD	2	50%

(c) 三種產品一起購買的次數和支持度

產品	購買次數	支持度
ABD	2	50%

接下來，我們將算出 2、3 和 4 種產品在交易中一起出現的次數和支持度，在兩種產品的組合中，所有可能的組合為 {A，B}、{A，C}、{A，D}、{B，C}、{B，D}、{C，D} 等 6 種，如圖 4-11 所示，因為我們設定的支持度是 40%，而在單一產品的支持度中，餅乾的支持度已經小於 40%，故不可能有與餅乾一起購買而支持度大於 40% 的產品，所以我們就可以直接刪除餅乾 (C)，只要考慮其他支持度大於 40% 的產品，因此，只需將 {A}、{B} 和 {D} 組合成 {A，B}、{A，D}、{B，D} 3 種組合，此即是 Apriori 的概念，如圖 4-12 所示，大大減少計算量，輕易算出兩種產品一起購買的次數和支持度，如表 4-7 所示。

同理，繼續計算三種產品的組合，從表 4-6(b) 中得知 3 個兩種組合產品的支持度都大於 40%，所以將 {A，B}、{A，D}、{B，D} 組合得到 {A，B，D} 三種產品一起購買的次數和支持度，如表 4-6(c) 所示，最後由表 4-6(c) 得知沒有四種產品的組合，所以最後支持度大於 40% 的產品組合為 {A，B}、{A，D}、{B，D} 和 {A，B，D}，即 { 蘋果，啤酒 }、{ 蘋果，尿布 }、{ 啤酒，尿布 } 和 { 蘋果，啤酒，尿布 }。

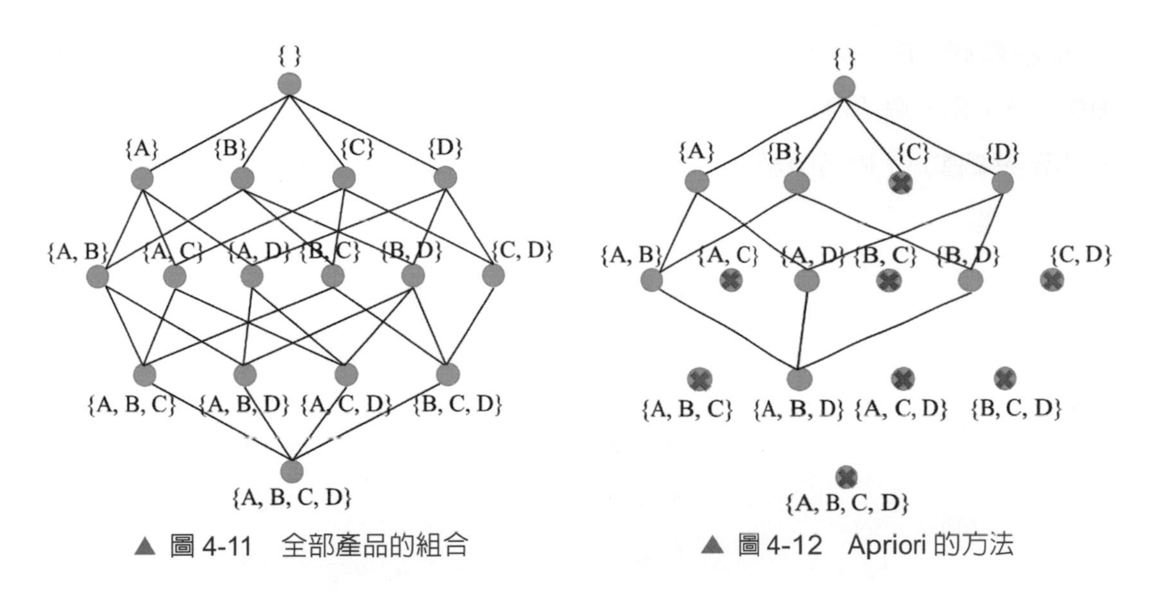

▲ 圖 4-11　全部產品的組合

▲ 圖 4-12　Apriori 的方法

計算完支持度後，假設此關聯模型的最小信賴度為 70%，我們將計算支持度大於 40% 產品的信賴度，即組合 {A，B}、{A，D}、{B，D} 和 {A，B，D}。首先 {A，B} 有兩組關聯，A ⇒ B 和 B ⇒ A，信賴度 (A ⇒ B) = P(B | A)，即出現 A 的機率下，出現 B 的機率，由表 4-7 得知，A 出現的機率即是購買 A 的支持度為 75%，由表 4-7 得知，A 和 B 同時出現的機率即是一起購買 A 和 B 兩種產品的支持度為 50%，因此，信賴度 (A ⇒ B) = (50%) / (75%) = 67%。同理，由表 3-9 得知，B 出現的機率即是購買 B 的支持度為 50%，故信賴度 (B ⇒ A) = (50%) / (50%) = 100%。值得注意的是，信賴度 (A ⇒ B) 和信賴度 (B → A) 的值是不同的，信賴度 (A ⇒ B) 是指在購買 A 產品時，同時會購買 B 產品的機率是 67%，而信賴度 (B ⇒ A) 是指在購買 B 產品時，同時會購買 A 產品的機率是 100%，也就是購買 B 產品時一定會買 A 產品，但是購買 A 產品時不一定會買 B 產品。

其他 {A，D} 和 {B，D} 也是同樣的算法，而 {A，B，D} 因為有三項產品，所以關聯性會有 A ⇒ BD、B ⇒ AD、D ⇒ AB、AB ⇒ D、AD ⇒ B 和 BD ⇒ A 六組關聯，信賴度 (A ⇒ BD) = P(BD | A)，即出現 A 的機率下，出現 BD 的機率，A 的支持度為 75%，由表 4-6(c) 得知，A 和 BD 同時出現的機率即是一起購買 A、B 和 D 三種產品的支持度為 50%，故信賴度 (A ⇒ BD) = (50%) / (75%) = 67%。最終，如表 4-7 所示，所有關聯性最後信賴度的結果，並挑選信賴度大於

70% 的關聯，B ⇒ A、A ⇒ D、D ⇒ A、B ⇒ D、D ⇒ B、B ⇒ AD、AB ⇒ D 和 BD ⇒ A，即 (啤酒⇒蘋果)、(蘋果⇒尿布)、(尿布⇒蘋果)、(啤酒⇒尿布)、(尿布⇒啤酒)、(啤酒⇒蘋果、尿布)、(蘋果、啤酒⇒尿布) 和 (啤酒、尿布⇒蘋果) 等八組。

▼ 表 4-7　項目集關聯性的信賴度

項目集	關聯	信賴度
AB	A ⇒ B	67%
	B ⇒ A	100%
AD	A ⇒ D	100%
	D ⇒ A	75%
BD	B ⇒ D	100%
	D ⇒ B	100%
ABD	A ⇒ BD	67%
	B ⇒ AD	100%
	D ⇒ AB	50%
	AB ⇒ D	100%
	AD ⇒ B	67%
	BD ⇒ A	100%

除了購物籃分析這個典型應用外，關聯規則學習還應用金融行業、搜尋引擎、智慧推薦等領域，例如銀行客戶交叉銷售分析、搜索詞推薦或者個人化的即時新聞推薦等。

深度學習是什麼－淺談篇

前言

人類能夠進行思考、判斷與記憶，其大腦扮演非常重要的角色，它接收來自人們的眼、耳、鼻、口、皮膚及四肢等所傳遞的視覺、聽覺、嗅覺、味覺及觸覺等訊息，透過神經元的運作及傳遞後，最終由大腦做出決策，並命令我們的四肢或五官來執行此決策。人腦除了進行決策、運算外，還能將學習經驗累積起來，成為知識。為了讓電腦的運作有如人腦一樣，可以處理決策、計算甚至學習，因此仿造生物的神經網路，創造出專屬於電腦的神經網路，稱為類神經網路 (Artificial NeuralNetwork, ANN) 或簡稱神經網路 (NeuralNetwork, NN)，透過模擬人腦的運作方式，藉此讓電腦具有學習及判斷的能力。

5-1 神經元的設計與功能

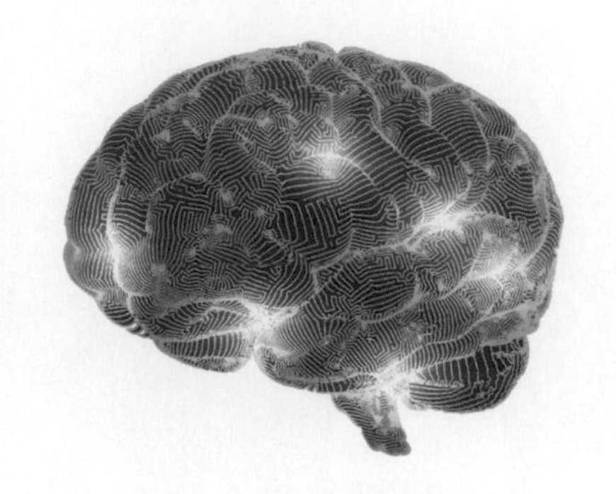

在我們的大腦中，大約包含 500 ～ 1000 億個神經元，這些神經元由突觸接收外部訊號，並將其處理後，若訊號夠強，則透過一種激活的處理程序，將此訊號再傳遞給下一個神經元，經過這樣的處理及傳遞，最後輸出作為人類的反應；科學家們為了使電腦有效的解決各種問題，也以眾多的神經元來建構一個類神經網路，每個神經元完全模擬人腦神經元的運作機制，透過神經元彼此間的傳遞，最後再進行決策。在這一節中，我們將先介紹神經元的模型，以及神經元內的結構。接著，我們對神經元的激活處理程序進行簡介，說明電腦中處理激活運算的啓動函數。

5-1-1 神經元模型 (The Perceptron Model)

人類神經元的運作方式如圖 5-1 所示，神經元透過 x_1 及 x_2 的輸入，得到「痛」與「癢」的訊號，而 w_1 及 w_2 代表著感知程度的強弱，舉例來說，w_1 表示痛的程度為「非常」痛，w_2 表示癢的程度為「稍微」癢，當神經元接收到訊號後，判斷出這些訊號的刺激是否達到一定的門檻，從下圖中我們得知疼痛的程度已經遠遠大於癢的程度，因此最後腦部會輸出 y 為非常痛，對痛覺發生反應，簡言之，若感知程度已達門檻，則將這些整合過後的訊號傳給下一個神經元，若未達門檻，則這些訊號不會傳向其他的神經元。

對照人類的神經元，其刺激訊號為神經元的輸入，然而刺激強度的不同，對於神經元的重要性也不同，在神經元中，使用權重 w 的大小來表示輸入訊號不同的強度。電腦的神經元架構如圖 5-2 所示，每一個輸入 x 都與相應的權重 w 相乘，表示不同強度的訊號來源，經由神經元進行「相加」的處理方式，就可以計算出神經元最後處理的訊號強度，如 (5-1) 式所示。

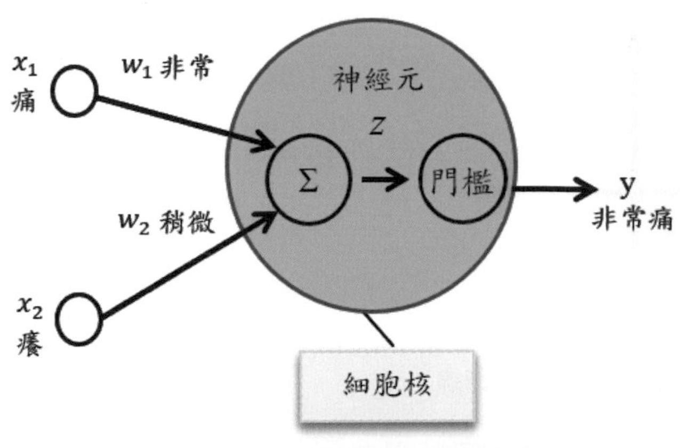

▲ 圖 5-1　人類神經元的運作方式

$$w_1x_1 + w_2x_2 = \sum_{i=1}^{2} w_i x_i \quad (5\text{-}1)$$

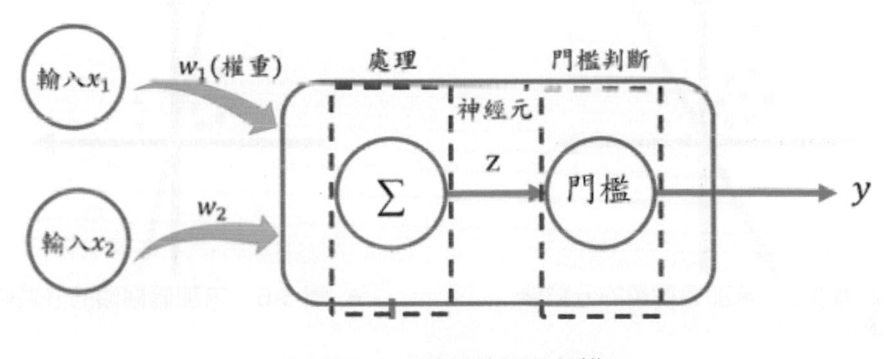

▲ 圖 5-2　電腦神經元架構

若將神經元的輸入簡化成只有 x 的單一輸入，並將計算的結果用 y 來表示，(5-2) 式便可表示為：

$$y = wx \quad (5\text{-}2)$$

我們可以發現，簡化之後神經元的表現，就如同一條二度空間上經過原點的斜線，這條斜線事實上具有分類的效果，例如，當二維空間中有許多紅點和綠點，只要將這條線旋轉，也就是改變它的斜率 w，便可讓它區分出紅點和綠點。

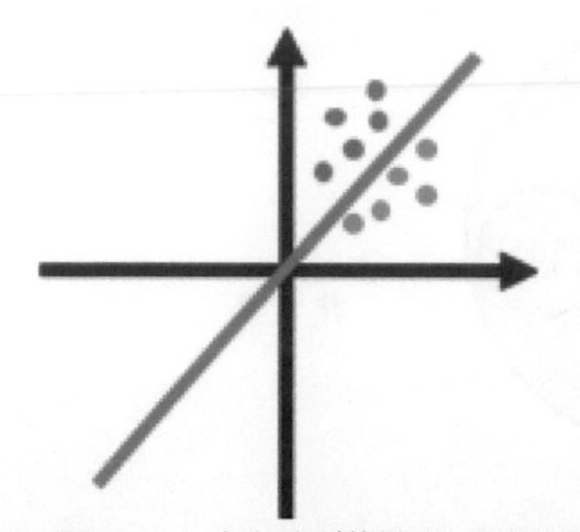

▲ 圖 5-3　未加偏權值的分類線

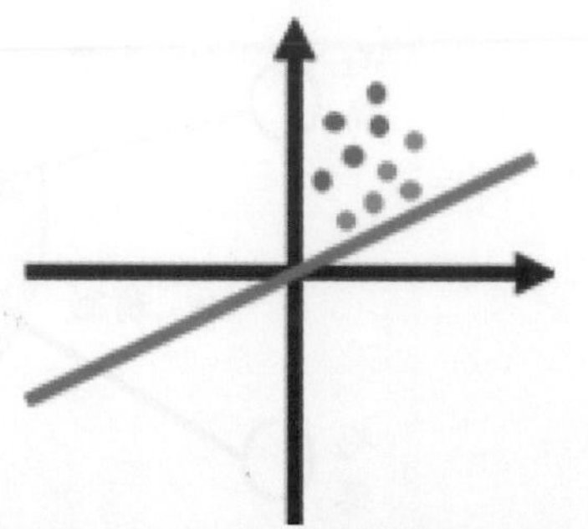

▲ 圖 5-4　未加偏權值的分類線

然而，這樣的訊號處理方式，以圖 5-5 和圖 5-6 為例，若我們按照上述神經元架構方式進行分類，擬將綠點與紅點區分為二類，由於該藍色的切線必定會經過原點，導致切線有所限制，無法有效區分綠點與紅點。

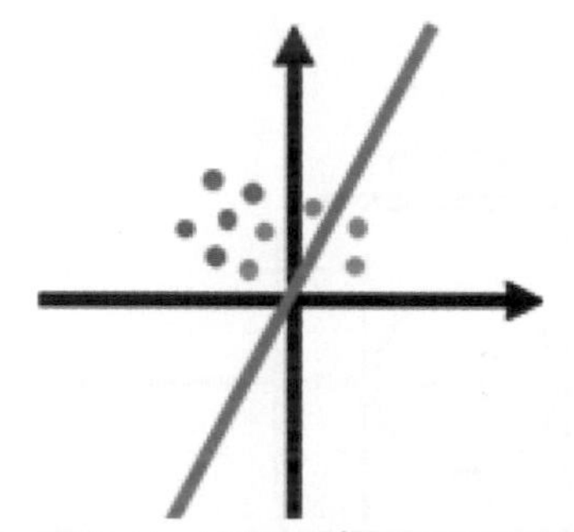

▲ 圖 5-5　未加偏權值的分類線

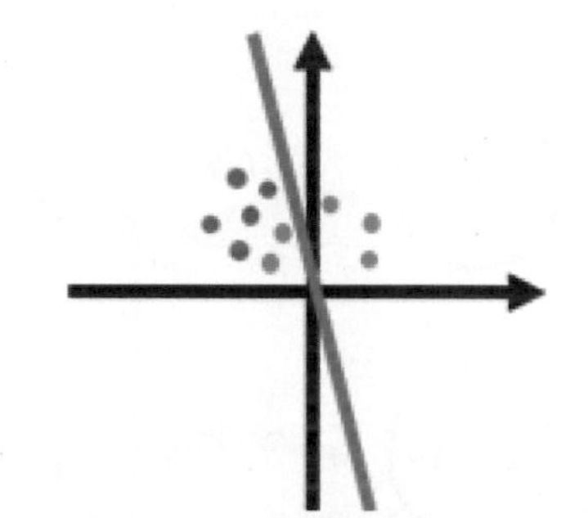

▲ 圖 5-6　未加偏權值的分類線

因此，我們在 (5-3) 式加上一個偏權值 b，便可以使切線往左上角平移，使這條切線不必經過原點，達到更好的分類結果；如圖 5-7 所示，加了偏權值後，藍色切線可以往左上方平移，使其可以更靈活的移動，可以將綠點和紅點完全分開。

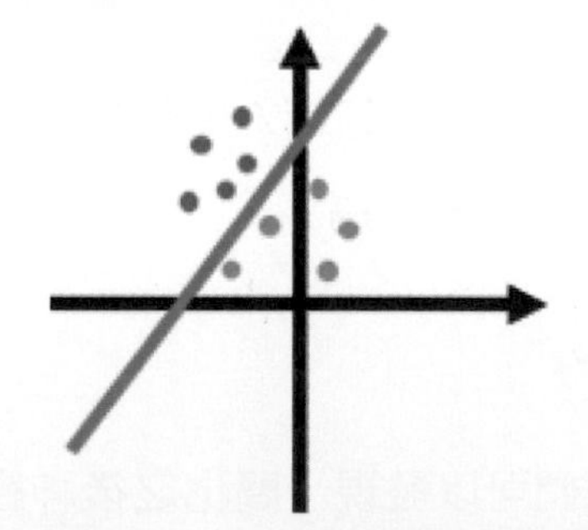

▲ 圖 5-7　加入偏權值的分類線

$$\sum_{i=1}^{2} w_i x_i + b \qquad (5\text{-}3)$$

5-2 神經網路的架構與深度學習

先前的章節介紹單個神經元的架構與組成的元素，但是整個神經網路是由許多層的架構而組成，且每一層又由多個神經元所組成，最後建構出完整的模型。圖 5-8 顯示神經網路一般的架構，最左邊的第一層稱為輸入層 (Input Layer)，其輸入資料的個數決定了該層神經元的個數，隱藏層 (Hidden Layer) 則介於輸入層和輸出層中間；當輸入層接收資料後，將會傳給隱藏層的每個神經元，並進行非線性的運算，其中，上一層的每一個神經元所產出的輸出，都會做為下一層的每個神經元的輸入，然而最右邊輸出分類或預測的結果，稱為輸出層 (Output Layer)。這種上、下層連接的關係，造就神經網路的複雜度。

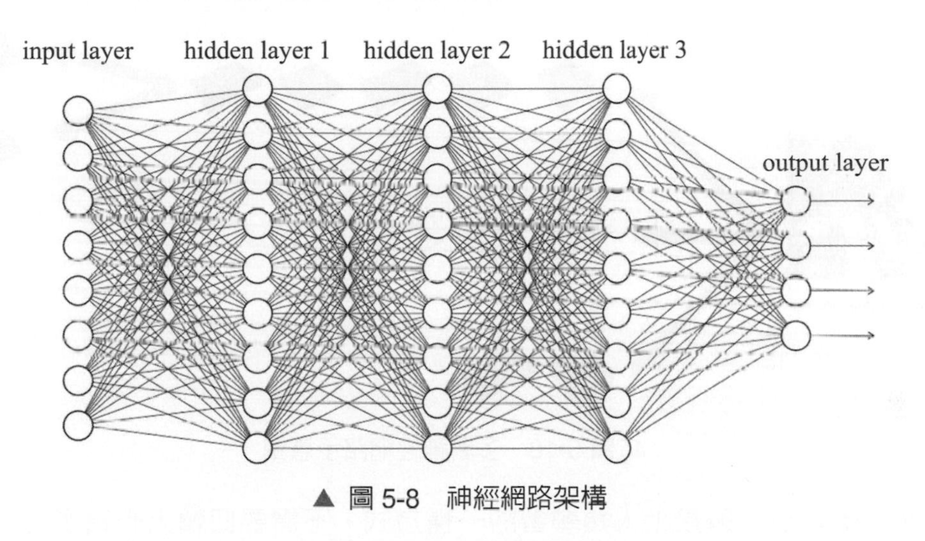

▲ 圖 5-8　神經網路架構

以下進一步說明，為什麼神經網路必須是由很多層的神經元所構成具有深度學習能力的網路。以圖 5-9 為例，若你用一層的神經元將積木的形狀及顏色區別，並加以分類，這將會是一件較複雜的工作，希望神經元的設計可以很簡單，因此，可以採用圖 5-10 的結構，首先，先用顏色將積木進行分類，之後再針對某種特定的顏色，如紅色，進行形狀的分類，那麼每一次的分類，僅需考慮顏色，再考慮形狀，而不需要如圖 5-9 一樣，一開始分類需同時考慮顏色及形狀，如此一來，圖 5-9 分類的工作，便可拆分成兩層的工作來進行，而使得分類的工作較簡單。從學習的理念而言，在進行分類工作時，每個神經元都希望是簡單而具有分類的功能，這樣學習速度較快，也較容易受到控制，因此，神經網路的設計通常是由許多層的神經元所建構而成的深度學習網路。

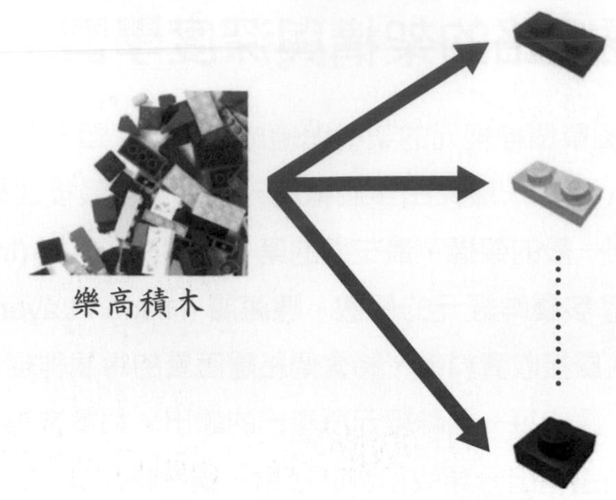

▲ 圖 5-9　單層神經網路示意圖

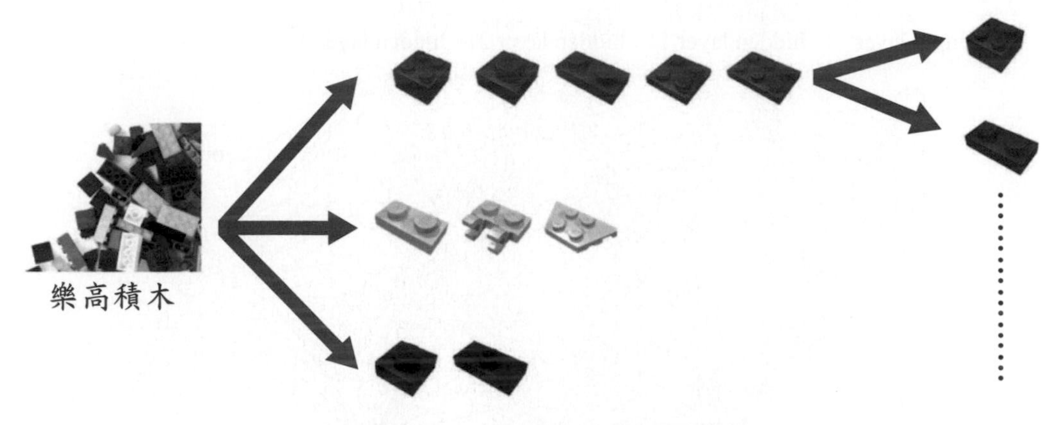

▲ 圖 5-10　多層神經網路示意圖

深度學習是比較接近人類學習的一種方式，不需要仰賴人們給予的判斷法則，只要有大量貓的相片當作電腦的輸入，它便可透過深度學習網路來取出這些相片中貓的特徵，當這樣的模型建立後，改天即使拿一張完全沒見過的貓，只要其特徵接近貓，電腦便可辨識出貓，也就是說這樣的學習方式是讓電腦看過大量貓的相片，並告知這些相片都是貓而不是老虎，因此，電腦透過深度學習網路便可建立貓的模型，這樣的模型是電腦自己從數百萬張相片所歸納出來的有關貓的特徵 (圖 5-11)。

▲ 圖 5-11　機器如何辨識貓

對於深度學習神經網路而言，神經網路是一層一層串連在一起的，每一層的神經網路有它一定的功能。以圖 5-12 為例，當我們輸入一隻貓咪的照片時，某一層主要是負責整理出動物的顏色，而另一層可能是辨別動物的部位，而其它層也擔負著辨識動物部位的某種外觀特徵，由於要辨識的動物種類繁多，因此，需要有很多層的神經網路共同組成，才有能力分辨一張的圖片是貓、老虎還是狗，這也是我們強調“深度”的原由。

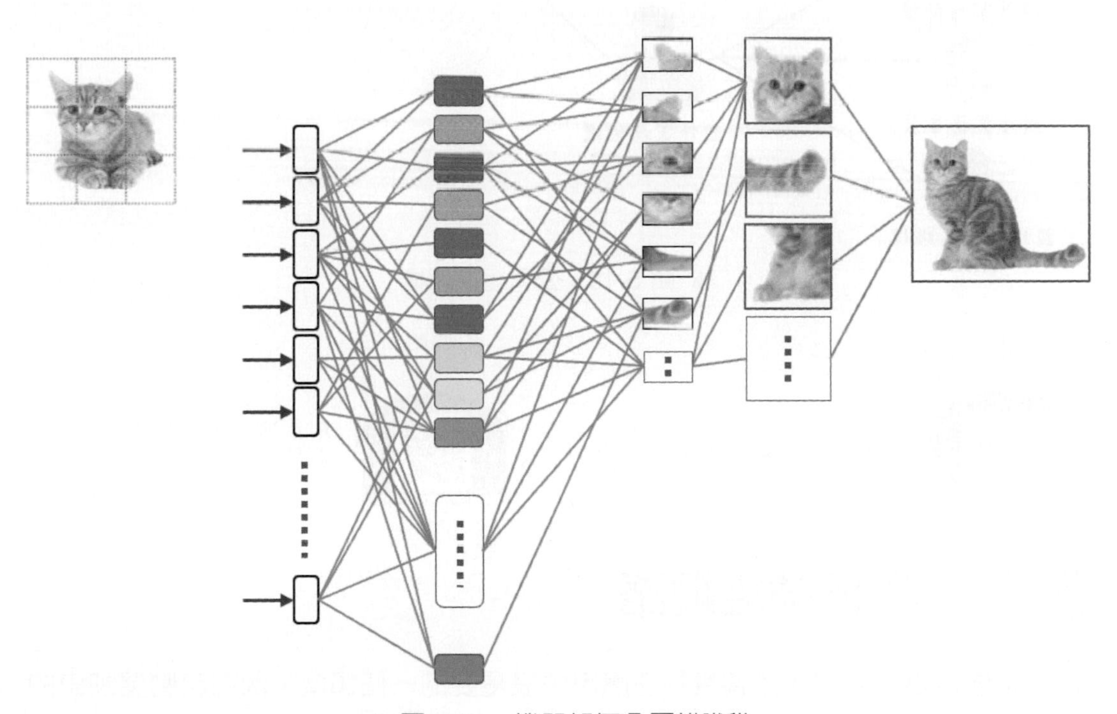

▲ 圖 5-12　機器如何分層辨識貓

然而這樣的組織架構就如同公司組織架構 (圖 5-13)，基層員工負責的工作範圍有限，處理的事情較小較瑣碎，部門主管可以掌管的事務更廣闊，領導著下屬、檢閱統整下屬的報表，然而總經理的權限又更大，可以做初步的決策，最後董事長所扮演的是做最後決策的角色。

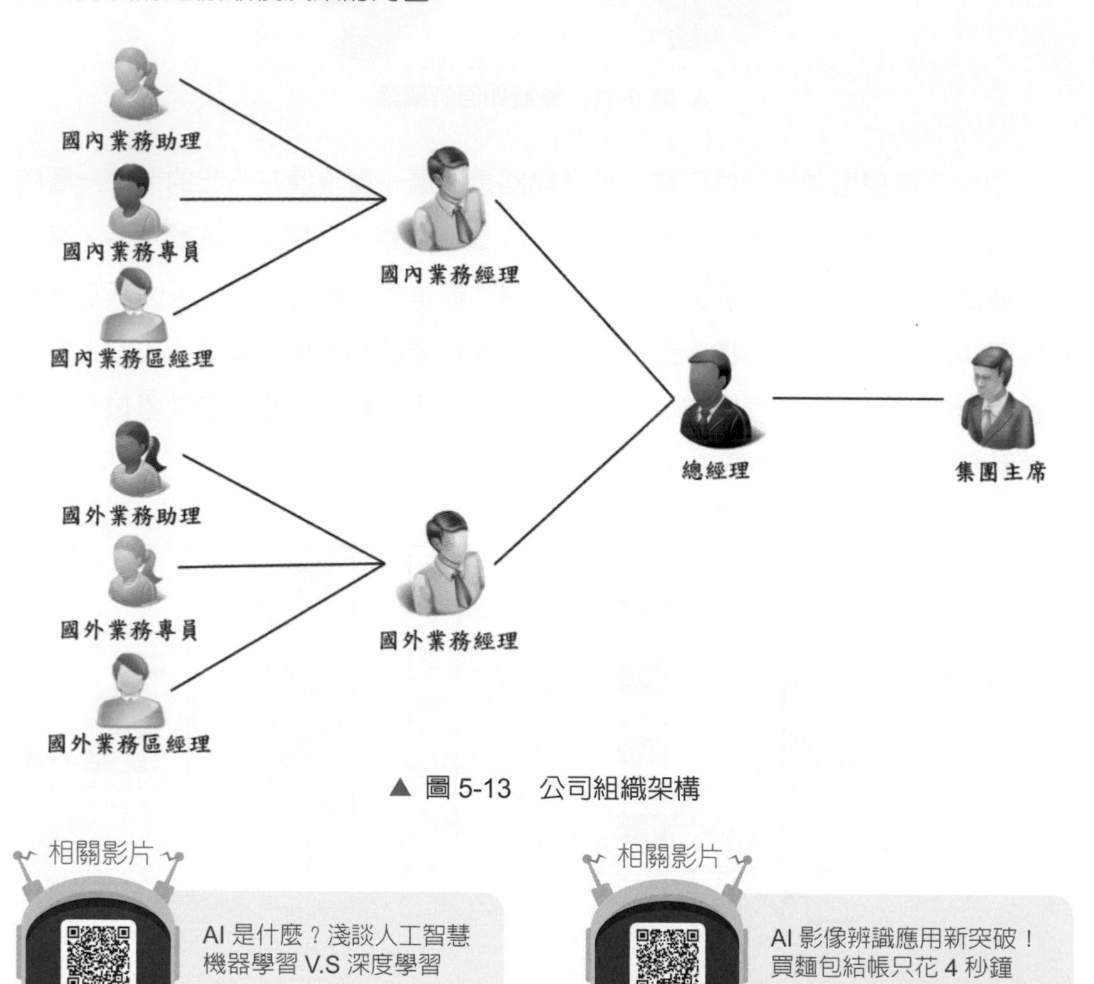

▲ 圖 5-13　公司組織架構

相關影片

AI 是什麼？淺談人工智慧
機器學習 V.S 深度學習

相關影片

AI 影像辨識應用新突破！
買麵包結帳只花 4 秒鐘

5-3 卷積神經網路

影像辨識一直是人工智慧各種應用中很重要的一個領域，例如自動駕駛車的實現，其中很重要的一個技術，便是影像辨識，它可以讓車用電腦知道車輛周遭的狀況，包括目前是否有行人在車輛前方，或是目前是紅燈或綠燈，甚至包括各種交通號誌的辨識。近年來，人工智慧帶動了技術發展、產品改革與應用創新的熱潮，部分原因是得益於卷積神經網路 (Convolution Neural Network, CNN) 在影像辨識領域的貢獻。隨著硬體在計算效能的快速進步與演算法的精進發展，卷積神經網路在影像辨識的準確度已經高過於人類。在這一章節中，我們將揭開卷積神經網路的面紗，讓讀者清楚的瞭解其運作的原理與觀念。

5-3-1 卷積神經網路架構

人類要辨識影像需要透過眼睛看到影像的畫面，透過視神經將這些畫面的訊號傳送至腦中，藉由大腦的許多神經元來處理這些訊號，使得人類最後可以在腦中形成這個影像，卷積神經網路就是以此概念來設計的神經網路，透過輸入層、卷積層、池化層、全連接層、輸出層來模擬人類視覺的處理流程。對比人類的視覺處理方式，輸入層就相當於人類的眼睛，用於接收畫面，卷積神經網路中的卷積層、池化層就類似於人類的視神經，將這個圖像的特徵提取出來，形成訊號，接著全連接層與輸出層則像是大腦，處理接收到的特徵訊號，使機器可以像人類一樣理解看到的事物。

卷積神經網路在辨識物體時是如何運作的呢？舉例來說，人類希望能夠分辨老虎與貓，是透過老虎與貓的花紋、體型、牙齒等外觀上的特徵差異，去辨別兩者的不同，而卷積神經網路也是以類似的概念去學習如何分辨老虎與貓，卷積神經網路使用卷積層提取老虎和貓的各項特徵，利用池化層選出特徵中比較重要的特徵，再透過全連接層分類這些特徵，透過大量的老虎和貓的影像，使得卷積神經網路越來越清楚老虎與貓的差異，最終就可以訓練出能分辨影像是老虎還是貓的卷積神經網路。

卷積神經網路的架構如圖 5-14 所示，輸入一隻貓咪的圖片，對神經網路而言，每個神經元都負責一項特定的特徵處理，例如，某個神經元負責找出眼睛的特徵，有些神經元則負責找出耳朵的特徵，卷積層會利用許多的濾波器對圖片進行卷積運算，每個濾波器都代表一個神經元在做的事，以提取他想找出的特徵，例如貓的條紋、臉型、腳、眼睛、耳朵和尾巴等局部特徵，是由不同的神經元來負責，所以，在卷積層就對應了許多濾波器。卷積運算會形成卷積層的數據，這些數據都會儲存在特徵圖 (Feature Map) 中，通常，大的數值表示較可能為特徵，也就是可能該位置就是神經元認為有眼睛的地方。在卷積層之後，接的是池化層，池化層會對卷積層的數據進行最大池化，取出重要且具有代表性的特徵，也就是留下較大的值，被刪除的小值，對這個神經元而言，認為其不是眼睛這樣的特徵。這樣的卷積和池化運算。所以，簡單的來說，卷積層的工作，有如用數值的大小來標出那些位置是重點，那些位置不重點，而池化層的工作，就是配合卷積層產生的特徵圖，將不重點的地方去除，以減少後續的運算量。

卷積層和池化層可能會在神經網路中重複出現許多次，每次都對圖片取出不同的特徵，以逐漸組成更精緻的圖像特徵，例如貓的頭、背部和四肢等部位。最後，全連接層會利用前面各層所找出的特徵進行分類，藉由輸出層的歸類來判斷圖片的類別，例如判斷這張圖片是不是一隻貓。在卷積神經網路中，越接近輸入端的卷積層會分析圖片的細部特徵，例如貓的腳、眼睛、耳朵和尾巴等局部特徵。隨著越多層的卷積處理之後，逐漸組成更精緻的圖像特徵，例如貓的頭、背部和四肢等部位。最後，藉由輸出層的歸類得到結果，最終卷積神經網路判斷出這張圖是一隻貓咪。

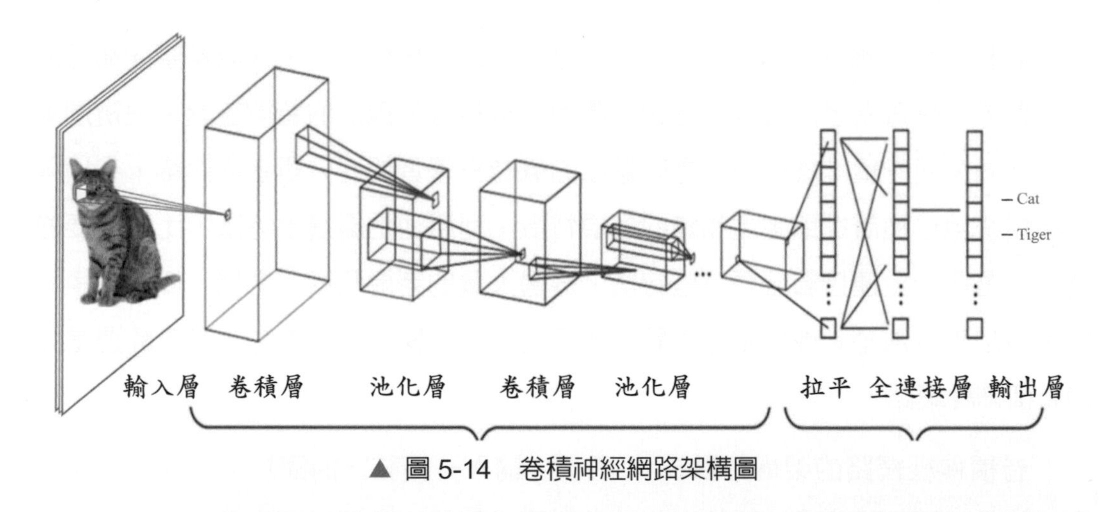

▲ 圖 5-14　卷積神經網路架構圖

5-3-2　卷積層

一般而言，對於一張擬進行辨識的圖片，會先將圖片轉換成電腦能處理的數值，每個圖片中的像素都可以視為一個由 R(紅色)、G(綠色) 及 B(藍色) 三原色所組合而成的一個色彩，這樣的一個像素，可以透過數值 0 ～ 255 來表示 RGB 這三種原色的成份所調製出來的顏色。因此，一隻貓咪的圖片，可以表示成一個矩陣，而矩陣中的每個數值都代表著每個像素的顏色。這個代表原來圖型的矩陣，在整個卷積神經網路的架構中，我們稱為輸入層。緊接著輸入層的便是卷積層 (Convolution Layer) 了。卷積層主要的目的是用濾波器 (filter) 來對輸入層的圖片資料進行掃瞄，這樣的掃描從左上方到右下方的順序進行卷積運算，主要是想找出圖片中的特徵，最後運算的結果便是一張特徵圖 (Feature Map)。濾波器相當於相機的各種濾鏡，例如模糊化、銳化、邊緣化等等，在卷積神經網路之中，透過濾波器對原圖的掃描及運算，便可找出圖片中的特徵。

卷積神經網路卷積的運作方式如圖 5-15 所示，左邊為一張圖片的二維數值矩陣，而中間 3x3 大小的濾波器，便可對輸入圖片的數值矩陣進行卷積的運算，其執行完的結果便是如圖 5-15 輸出的特徵圖，很明顯可看出，這樣的濾波器可找出原圖片中的邊緣部份，也就是有顏色和白色中間的邊線。因此，圖 5-15 中可以發現原圖以中間為分界線，透過邊緣化濾波器，特別強調圖的邊線，就可以在輸出結果的特徵圖中得到原圖的邊線特徵。

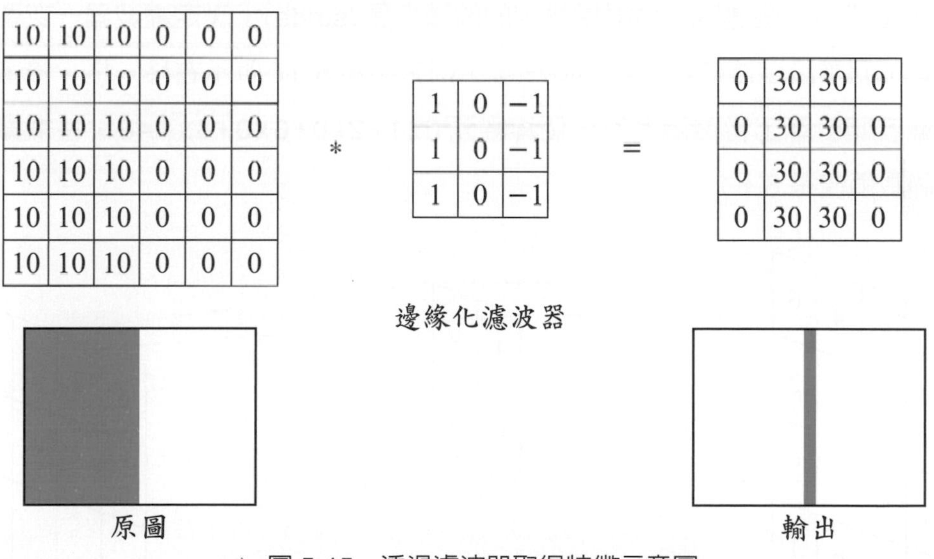

▲ 圖 5-15　透過濾波器取得特徵示意圖

接著我們對卷積運算進行更仔細的說明，卷積運算是透過濾波器產生特徵圖的一種運算，如圖 5-16 所示，輸入為 5x5 的矩陣數值，它代表著一張圖像，若我們使用 2x2 的濾波器進行卷積運算，濾波器會先從最左角的 2x2 矩陣開始掃描，濾波器的矩陣和相對應的輸入進行對應的數字相乘並進行加總，以圖 5-16 作為範例的式子為 6x1+0x0+2x0+0x1=6，而最終算出來的 6 便是特徵圖中的一個數值。

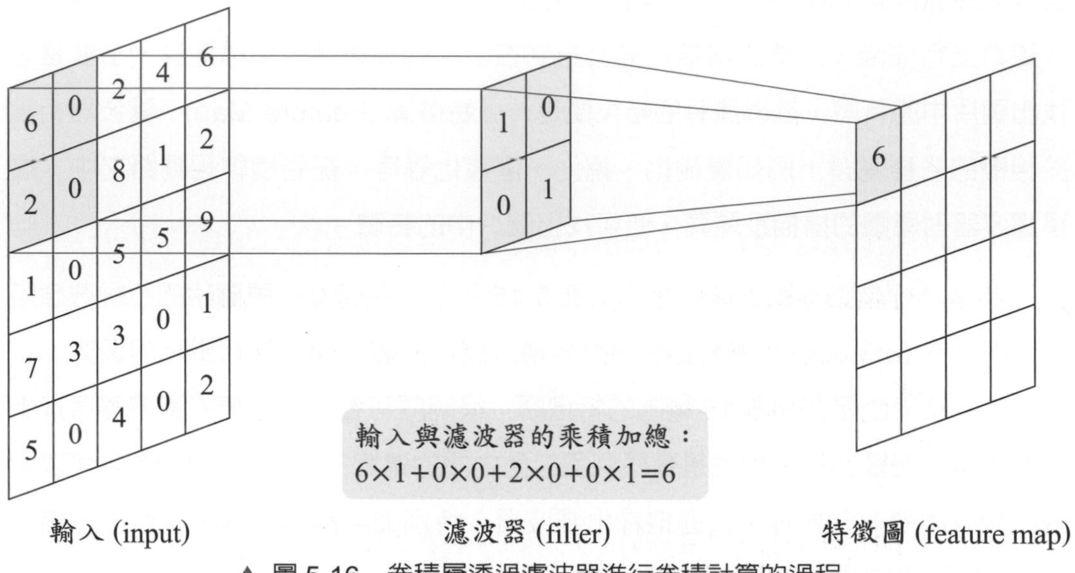

▲ 圖 5-16　卷積層透過濾波器進行卷積計算的過程

接著的下一個運算，將根據設定的間隔步長 (stride)，決定濾波器一次要移動的格數，假設設定濾波器一次移動一步，則會如圖 5-17 所示右移一格，接著一樣透過濾波器計算出特徵圖上的一個神經元 0x1+2x0+0x0+8x1=8，特徵圖中的第二個數值便是 8。

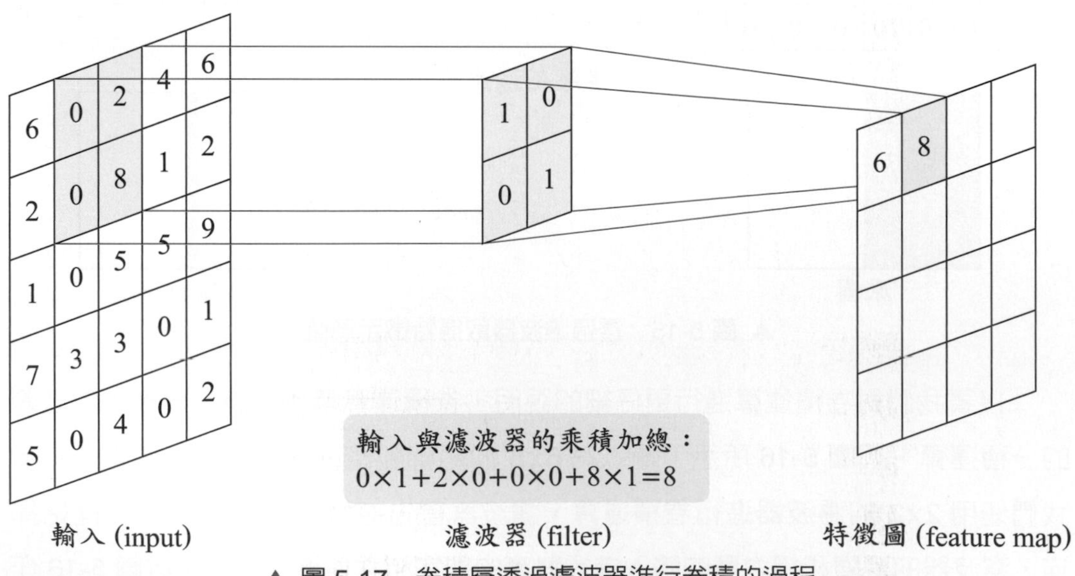

▲ 圖 5-17　卷積層透過濾波器進行卷積的過程

依此類推，接著一步步的進行掃描直到整張輸入透過濾波器計算完成，如圖 5-18 所示的特徵圖。

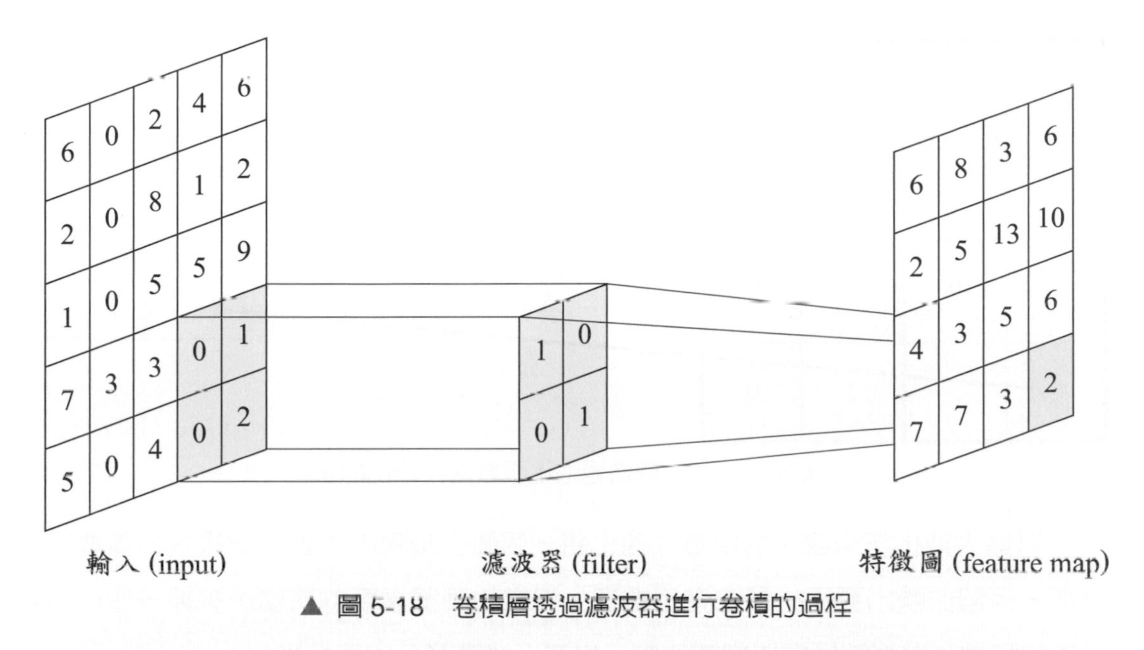

▲ 圖 5-18　卷積層透過濾波器進行卷積的過程

以訓練一個用於辨識老虎與貓的卷積神經網路來說，卷積層的用意在於使用濾波器轉化出圖片的特徵，如花紋、體型、牙齒等外觀上的特徵，而這些特徵值透過一次激活函數篩選掉部分神經元，使神經網路認為比較重要的特徵才傳入下一層神經元，實際上卷積所製成的特徵圖無法人為定義是何種特徵，神經網路是自行訓練出各項參數，因此很難透過人為認定該神經網路的設計理念，但我們可以以形象化的概念去解釋各層神經元所代表的涵義。

5-3-3 池化層

在卷積神經網路中，卷積層之後，通常接的是池化層，主要用於透過池化來降低卷積層輸出的複雜度，並去除一些可有可無的特徵，但也希望能具有卷積輸出特徵的代表性，池化運算中，最常使用的是最大池化與平均池化兩種方法，最大池化指的是對輸入的卷積層指定的子矩陣內取最大值作為輸出，如圖 5-19 所示，輸入為 4x4 的矩陣，取 2x2 的子矩陣進行最大池化的運算，就會在輸入的陣列中取 2x2 的矩陣中最大的值作為池化的輸出，圖 5-19 中藍色四個格子中的數值，取出最大值為 6，作為輸出，接著會朝下一個 2x2 的矩陣取 8 為其最大值，依此類推，便可將池化的運算完成如圖 5-19 所示。

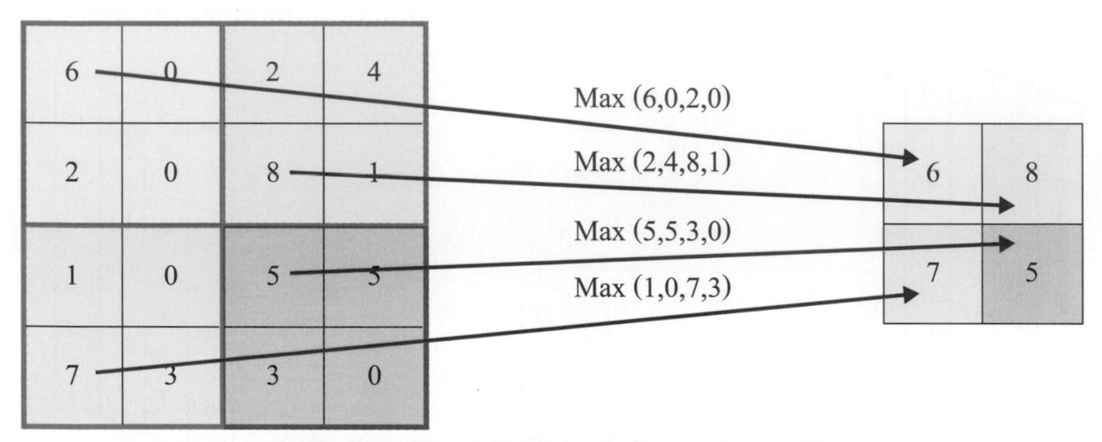

▲ 圖 5-19　池化層透過池化函數進行池化的過程

以最大池化法來說，利用最大池化將一個個小矩陣內的最大值視為最重要的特徵，保留並輸出至下一層來進行處理，相當於篩選重要的特徵，去掉一些可有可無的特徵，提高神經網路訓練速度，也減少過度擬合的可能性。

5-3-4　輸出層

一般而言，卷積層和池化層會重覆許多次，這表示，卷積運算對原來的圖形中取特徵，而池化運算再將不重要的特徵去除，這樣的卷積與池化運算會重覆執行，最後才準備輸出，卷積神經網路經過多次的卷積與池化，訓練出諸多特徵，接著要透過全連接層進行特徵分類，最終才有分類的輸出，從訓練一個辨識老虎與貓的卷積神經網路的角度來看，輸入的影像透過多次的卷積與池化擷取出老虎與貓各自的多項特徵，接著會使用全連接層將這些特徵進行分類在池化層的輸出連接至全連接層之前，需要先將池化層的特徵輸出拉平 (Flatten)，如圖 5-20 所示，後續才可與全連接層進行連接。

從輸入層、卷積層、池化層、全連接層到輸出層，透過一層層的運算，建構出一個可以用於辨識圖像的卷積神經網路。然而，單是設計卷積神經網路中每一層的架構，並不足以使該網路具有辨識圖像的能力，此時，使用者必須使用大量有標記的圖像去訓練卷積神經網路，例如，使用者想要訓練能夠辨識圖像是老虎還是貓的卷積神經網路，就必須將大量標有屬於老虎或是貓的圖像做為訓練資料，輸入至卷積神經網路進行訓練，使卷積神經網路能抓取老虎與貓各自的特徵，並能分類這些特徵。在訓練的過程中，剛開始由於輸入的資料較少，濾波器的數值尚未確定，所以特徵尚無法明確地取出，辨識正確率偏低，也就是說，給予一張已標記為貓的圖片當作輸入，其最後分類出來的結果，可能是老虎的機率較高，此時，卷積神經網路將透過從後層往前層修正權重及偏移值，也就是對濾波器的值進行調整，使該網路在下一張貓的圖片當作輸入資料時，輸出的結果能讓分類為貓的機率增加，隨著資料的增多與多次修正卷積神經網路中濾波器的值(即是權重)，卷積神經網路的辨識正確率將逐步提高，使得輸入新的圖像時，能利用良好的濾波器來表示圖片的特徵，這樣才能使卷積神經網路準確的辨識圖像屬於老虎還是貓，當新的圖像辨識準確率達到使用者的需求時，該卷積神經網路便已訓練完成，可以實際應用於輸入一張未曾標記為貓或老虎的圖片，此訓練好的網路便可聰明地辨識出圖片中的動物是貓或是老虎。

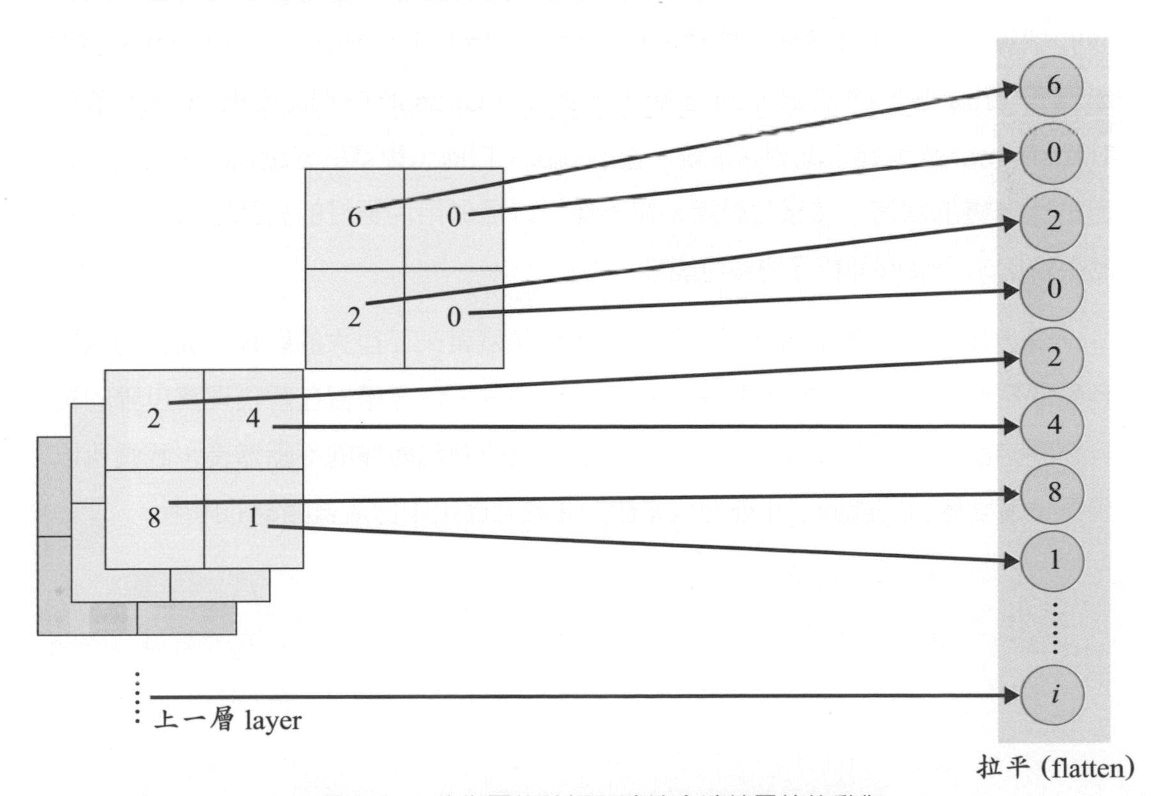

▲ 圖 5-20　池化層的神經元連接全連接層前的動作

5-3-5 深度學習應用

近年來，深度學習的應用範圍在各個領域不斷擴大，並取得了令人驚豔的成果。其中，圖像分類、語音識別、自然語言處理及推薦系統等領域的應用特別引人注目。深度學習的突破性技術和強大的模型架構為這些應用提供了強有力的支持。

最近，自然語言處理中的問答系統成為熱門的研究方向，引起了廣泛的關注。這類系統旨在使機器能夠理解人類的自然語言輸入，並能以自然流暢的方式進行對話。其中，ChatGPT 作為一個問答系統的代表，利用 Transformer 深度學習模型構建而成。Transformer 模型在處理語言相關任務時表現出色，因此在機器翻譯、文本生成和對話系統等領域廣受歡迎。ChatGPT 可以用來協助我們處理日常生活中有關文字及語言方面的事務，包括搜尋資料、整理資料、資料分析、文字生成、故事創作、廣告及文案創作、企畫書生成、寫摘要、寫程式、程式除錯、程式加註解、翻譯、修改文法與用字，並提供 API 供其他軟體整合與串接。

為了讓 ChatGPT 能夠具備理解和回答對話的能力，它需要進行大量對話數據的訓練。這些數據涵蓋了各種不同的對話情境和用戶輸入，從而使 ChatGPT 能夠學習到更多的知識和回答能力。因此，ChatGPT 可以被視為一個基於 Transformer 模型建立的對話系統。透過訓練，它擁有豐富的對話知識，能夠生成自然且連貫的回答。這樣的對話系統不僅可以提供用戶更好的對話體驗，也為對話系統的未來發展開拓了更多可能性。

深度學習的不斷演進和應用創新為各個領域帶來了巨大的影響。從自動駕駛到醫學影像分析，從電影和音樂生成到股票預測，深度學習在解決現實世界的複雜問題方面發揮著重要作用。隨著技術的不斷成熟和數據的不斷增長，我們可以預見，深度學習將繼續在未來的科學研究和商業應用中扮演著關鍵的角色。

深度學習是什麼－探究篇

6-1 遞歸神經網路

人們在訓練神經網路時，發現最原始的架構在圖片辨識的效果不是很好，便加入具有深度學習的神經網路，也就是增加許多層的神經元，由於每個神經元都具有挖掘特徵的能力，因此眾多神經元的努力學習下，便可使分類的效果提昇。假如在訓練神經網路分類貓和老虎時，每次將一張圖片送進神經網路，並告訴神經網路該動物的標準答案是貓還是老虎，透過輸入很多貓及老虎的圖片對神經網路中的權重加以訓練，使其分類明顯的特徵，如花紋、顏色、長相等，能被神經元充份掌握，輸出層便能精準地分辨出該圖片是貓還是老虎。然而，在處理自然語言的問題就沒有像處理圖片那麼容易，因為對於語句而言，通常一句話的語意必需仰賴其前後詞，例如：現在輸入一個單字「很好」，我們可以知道這是一個「正面的評價」；但如果是輸入「不好」，這就是一個

相關文章

透過 AI 人工智慧有效過濾違規影片

「負面的評價」，雖然同樣都是兩個字的輸入，但可以發現「好」這個字前面出現「很」或是「不」，就能改變這是「正面」還是「負面」的評價，但對於卷積神經網路而言，它並無記憶的特性，無法記住「好」這個字先前出現的字，因此便無法對這兩種不同的輸入做出正確地分類。基於記憶的需求，遞歸神經網路便應運而生了。

6-1-1 自然語言處理問題

人類的語言相當複雜，即使是很相似的詞句，也可能代表著不同的意思，比方說：「快樂」是正面的，「不快樂」是負面的，「好不快樂」卻又是正面的，因此如果在解決自然語言問題的時候，僅依靠是否看到負向字「不」，就認定這句話代表負面情緒，那麼就誤解了他人的意思。所以要避免此種情況，在分析詞句時，需要考慮到詞彙的前後關係及順序，才能夠將正確的意思解讀。

由上述的例子中，可以發現人類的語言前後字句有相關性，以下我們再舉個簡單的例子來說明：假如現在輸入「前往台北」，那「前往台北」中的「台北」代表的是目的地；若是輸入「離開台北」，那「台北」則是出發地。這是因為人類能夠透過「前往」或「離開」來輕鬆判斷兩個「台北」所代表的意義是什麼，但是傳統的神經網路無法記住「台北」前面輸入過什麼詞彙，所以對它來講「台北」就只有一種意思。於是遞歸神經網路 (Recurrent Neural Network, RNN) 在神經網路內加入「記憶」的概念，其主要目的是讓神經網路能夠把看過的文字「記住」，讓神經網路根據記憶的內容，給予同個輸入不同的答案，如圖 6-1 所示。

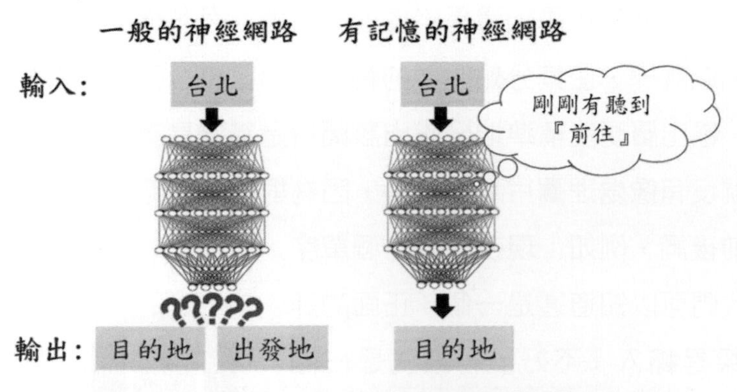

▲ 圖 6-1　一般的神經網路與有記憶神經網路的差別

6-1-2　遞歸神經網路架構

由於遞歸神經網路加入「記憶」的概念，故可以用於處理自然語言、關鍵字辨識等問題，記憶只需要存放以前看過的資料（過去一段時間同一個神經元的輸出資料），當作現在這個時間該神經元的其中一筆輸入資料。換句話說，在神經網路中的記憶，就是紀錄神經網路每個隱藏層的輸入，舉剛剛的例子：如圖 6-2 所示，「前往台北」，將第一個詞彙「前往」輸入神經網路，神經網路便把「前往」記在記憶中，接著輸入第二個詞彙「台北」，神經網路便能透過記憶找到「前往」而正確地預測出「台北」為目的地。反之，現在如果是「離開台北」，當輸入第二個詞彙「台北」時，神經網路中的記憶存放的詞彙就是「離開」，預測出「台北」為出發地。

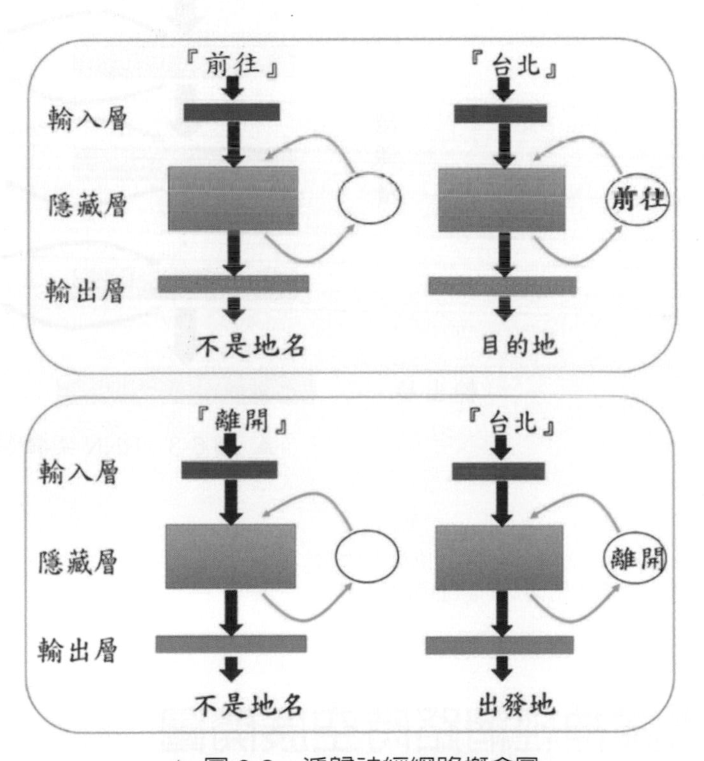

▲ 圖 6-2　遞歸神經網路概念圖

相關文章

自然語言處理 (Natural Language Processing, NLP)：斷開中文的鎖鍊！

相關文章

NLP 自然語言處理技術原理與其產業業應用 OOSGA

總結來說，遞歸神經網路的大致架構可由圖 6-2 及圖 6-3 來表示，這種表達方式雖然能夠清楚表達遞歸神經網路的架構，但仍有一點要注意的，舉例來說：「前往台北」在遞歸神經網路看到「台北」時，前面僅需要記住一個詞彙，但如果字句變成「我今天前往台北」，遞歸神經網路看到「台北」時，前面卻有「我」、「今天」、「前往」三個詞彙，這時會需要記住三個詞彙，那遞歸神經網路的複雜度就會比只需記住一個詞彙的還要高。因此，如果要更詳細的表達遞歸神經網路面對不同序列長度時、相同的架構有不同的複雜度，可以用時空展開圖來清楚地表達每個輸入之間的時序關係（時間的先後順序），下個小節將說明遞歸神經網路如何根據輸入和輸出的時序關係來產生時空展開圖。

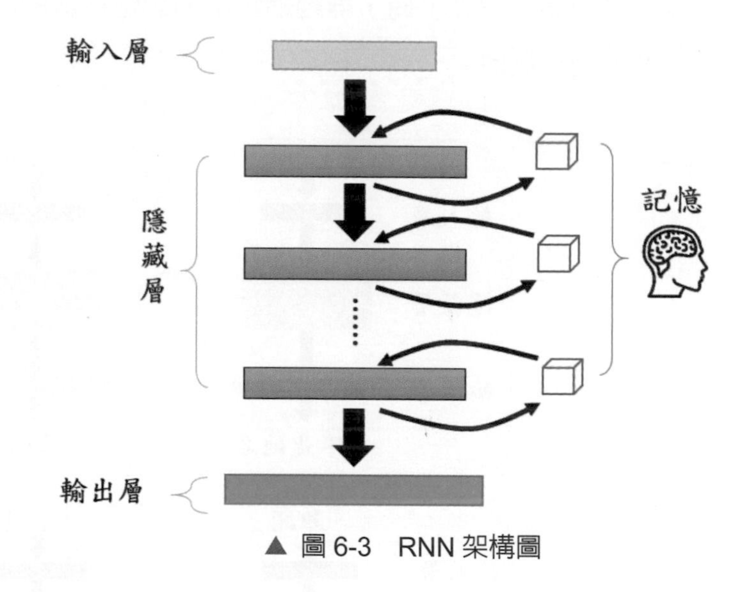

▲ 圖 6-3 RNN 架構圖

相關文章

IBM 用 AI 人工智慧分析「寫作內容」有助早期檢出阿茲海默症可能患者

6-2 遞歸神經網路時空展開圖

遞歸神經網路把前後輸入串連起來的關鍵就是靠記憶，而我們通常是輸入相同長度的序列資料來當作訓練資料，假如今天欲訓練一個遞歸神經網路來預測輸入的詞彙究竟是出發地還是目的地，同上一小節提到的例子，就要先收集大量的詞彙，而且都要是相同的長度，如：「前往台北」、「離開台北」、「抵達台北」、「遠離台北」等。

了解訓練遞歸神經網路需要什麼樣的序列資料後，接下來可以由時空展開圖來簡化運作原理，如圖 6-4 所示，時空展開圖像是把很多個神經網路透過記憶左右串在一起，並根據輸入的序列長度決定串接的數量，將其運作的過程依時間軸展開。在第一個時間，第一個輸入的詞彙視為展開中的第一個神經網路，並將第二個時間第二個輸入的詞彙視為展開中的第二個神經網路，而第一個時間的學習結果，也會往右提供給第二個神經網路來當作參考，以建立前後文相關聯的關係，依此類推，將一句話中每個詞輸入神經網路時所運作的神經網路，依時間軸展開，使得比較容易看清楚前後詞間的關係。值得注意的是：輸出層是用來表達神經網路對這個詞彙的預測結果，如圖 6-4 所示，「學生」被預測為「不是地名」，而其實神經網路會對每個預測結果進行機率統計，因為我們習慣在時空展開圖中將機率最高的預測結果，當作是該時序輸出層的結果，而「不是地名」被預測出來的機率最高，就會被列為輸出層最後的結果。

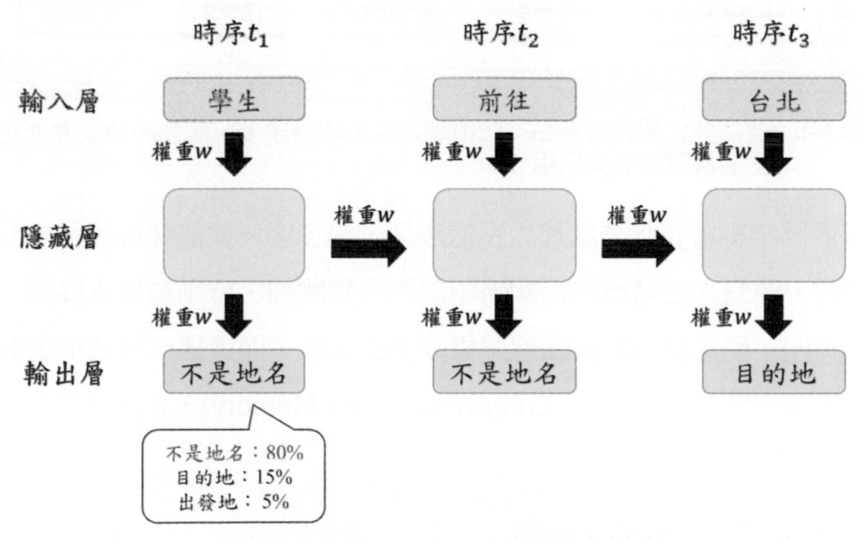

▲ 圖 6-4　「學生前往台北」為輸入的遞歸神經網路時空展開圖

遞歸神經網路雖然具有記憶功能，但仍存在一嚴重的問題，那就是記憶力不足的問題。以圖 6-5 為例來說明，假設將「抵達充滿人情味及美食的台南」每個詞彙丟進神經網路做訓練，目標是要讓神經網路能夠判別輸入的詞彙是出發地還是目的地，雖然第一個時序是以「抵達」做輸入，第七個時序是以「台南」做輸入，但還是導致「台南」被誤判成出發地，而不是目的地，這代表「抵達」並沒有發揮其功用，沒有促使神經網路把「台南」判別成出發地，而會發生這種狀況的原因主要是：觀察圖 6-5 可以發現「抵達」與「台南」間隔 5 個其他的詞彙，也就是說「抵達」要透過遞歸神經網路的記憶影響到最後一個時序，來預測「台南」是否為出發地或目的地時，需要經過 6 個記憶權重 w，但是在遞歸神經網路中權重 w 通常是一個小於 1 的值，「抵達」在經過 6 個記憶權重的途中將逐漸淡化，最後權重會幾乎接近 0 而沒有了影響力，這也代表遞歸神經網路沒有辦法記住太久遠的詞彙，也無法擁有長久的記憶。

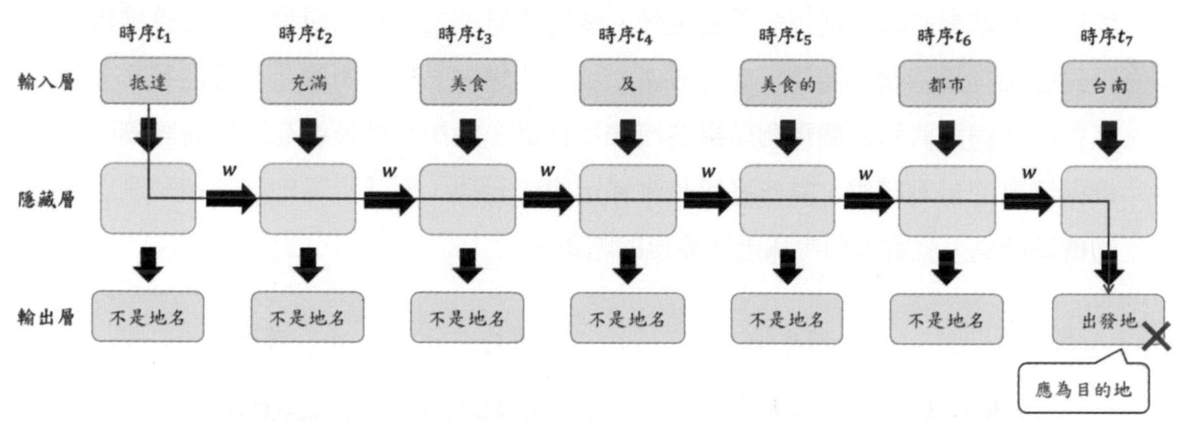

▲ 圖 6-5 遞歸神經網路的缺點，記憶經過太多的時序後，記憶將會逐漸淡化，使關鍵字失去其作用

由於遞歸神經網路無法處理太長的序列，為了解決遞歸神經網路中記憶逐漸淡化的問題，便有人在遞歸神經網路中加入三個閥門，分別為輸入閥門、輸出閥門及遺忘閥門，使遞歸神經網路的記憶能夠更長久，而這種改良過的遞歸神經網路稱之為短期記憶網路 (LSTM, Long Short-Term Memory)，也是目前最常使用的遞歸神經網路架構。

6-3 長短期記憶

長短期記憶 (Long Short-Term Memory, LSTM) 是遞歸神經網路的一種變形，其特別之處在於一般的遞歸神經網路無法控制哪些記憶要被保留，哪些記憶要被遺忘，而 LSTM 卻擁有了這種能力，也因為 LSTM 更能夠控制記憶的內容，所以更適合用來處理長序列問題。

LSTM 的整體架構與之前提到的遞歸神經網路差異不大，最大的差異是在 LSTM 的神經元被加入三個閥門，分別為輸入閥門、輸出閥門及遺忘閥門，而這三個閥門的值也由 LSTM 的輸入乘上權重控制，如同圖 6-6。

可以想像輸入閥門、輸出閥門及遺忘閥門是三個水龍頭，可以決定它們需要完全打開、完全關閉或是部份打開，現在以圖 6-7「抵達充滿美食的台南」這句話為例，因為要判斷「台南」是出發地還是目的地是由「抵達」來決定，故「抵達」藉由正向傳播（由左到右）到最後一個時序時（圖 6-8），應該要保持它的完整性，所以遺忘閘門的數值可以設定得很大，讓「抵達」經過多個時序後不被淡化。但這邊仍要注意的是其他詞彙「充滿」、「美食的」，因為跟「台南」是否為出發地或目的地沒有直接關係，可以在輸入閘門就進行控制，將輸入閘門設定得比較小，讓這些詞彙不要影響記憶中的內容。而輸出閥門的功能為讓多少神經元的輸出訊息傳遞下去，數值也在 0 ～ 1 之間，0 代表該次神經元的輸出訊息完全不傳遞，1 代表該次神經元的輸出訊息會完整傳遞至下一個神經元。透過這些處理之後，不重要的詞彙就會在最後一個時序漸漸被忘記，最後神經網路會認為「抵達」跟「台南」是最相關的，而正確判斷「台南」是目的地。就算最後預測結果錯誤，也可以將修正量反向傳播到前面的時序進行修正，因為 LSTM 解決了記憶空間的問題，所以可以正確地讓神經網路自行學會控制各個閥門的數值，讓整個神經網路變得更好。

相關影片

這張臉不屬於任何人！
AI 人臉生成演算法 GAN 的黑科技！

相關文章

找出 AI「真實力」，商業價值無限大

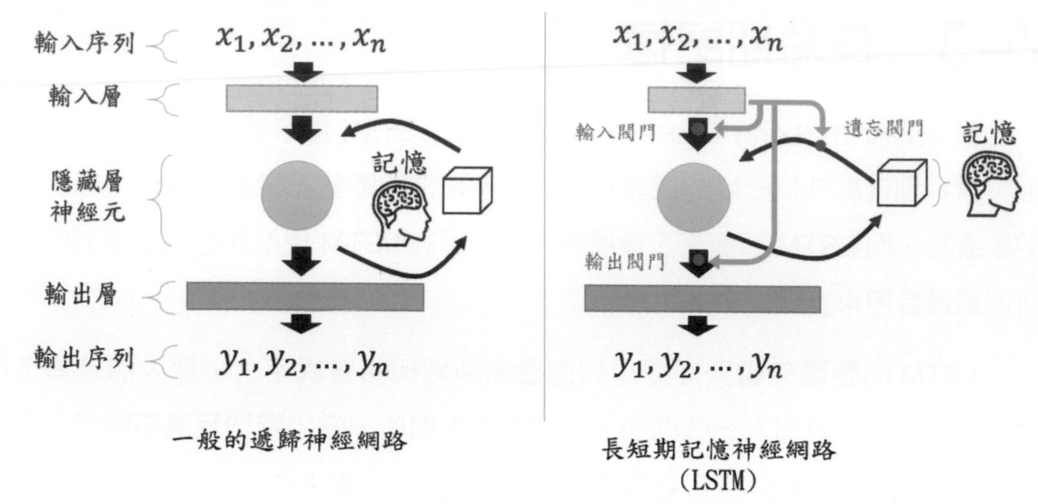

▲ 圖 6-6　一般的遞歸神經網路與長短期記憶神經網路的比較圖

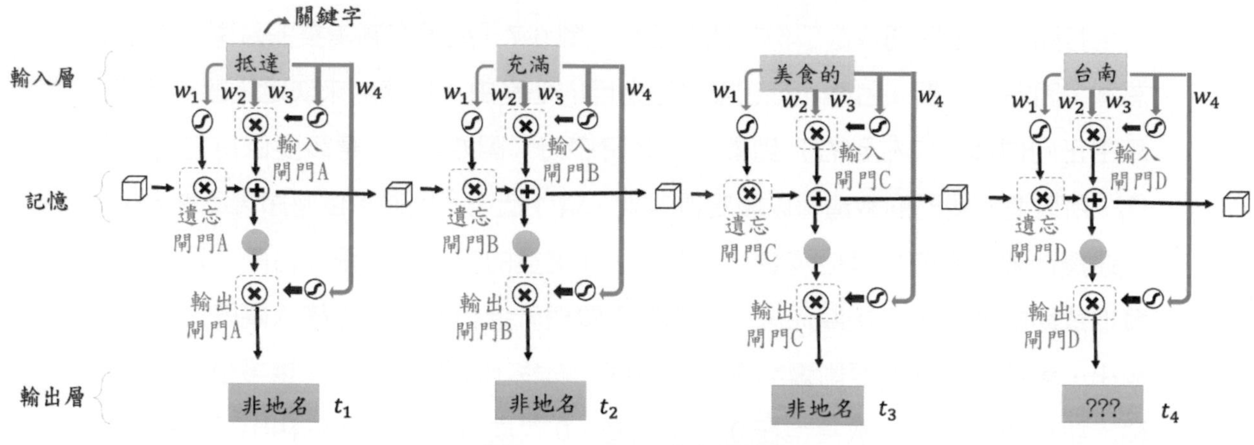

▲ 圖 6-7　LSTM 時空展開圖

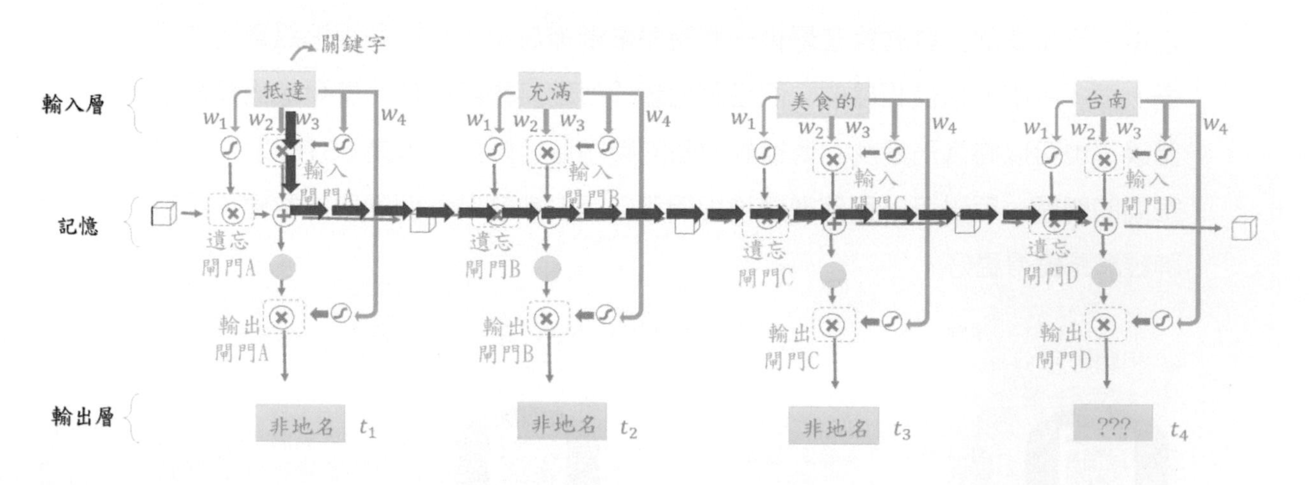

▲ 圖 6-8　關鍵字在 LSTM 的傳遞路徑

6-4 遞歸神經網路應用模式

由於遞歸神經網路加入記憶的概念，再加上 LSTM 改善了遞歸神經網路不能紀錄長記憶的問題，使得遞歸神經網路比卷積神經網路更容易處理諸如自然語言、影片處理、問答模型等問題。為了能夠更準確的解決面臨的問題，遞歸神經網路也有大量的變形，例如在前幾節所提到的神經網路，都是針對一句話中的每個詞彙來輸出出發地或目的地，這是一種多對多遞歸神經網路架構，因為它有多個輸入和多個輸出。但事實上遞歸神經網路還有很多種不同的架構，每種架構都有它適合的應用，以下將逐一補充這些應用：

遞歸神經網路可以用來分析句子背後代表的情緒，假如現在輸入兩句話，分別是「你再不來試試看」與「終於完成了」，第一句話可以感受到非常生氣的語氣，而第二句話則是會讓人感到開心。在這個情況下，無論什麼長度的句子都僅有一個輸出，也就是生氣或是開心，所以這時候最適合採用多對一（多個輸入對一個輸出）的遞歸神經網路，其架構便會被修改如圖 6-9，遞歸神經網路會將一句話所有的詞彙都讀完後，再預測這句話可能代表的情緒。

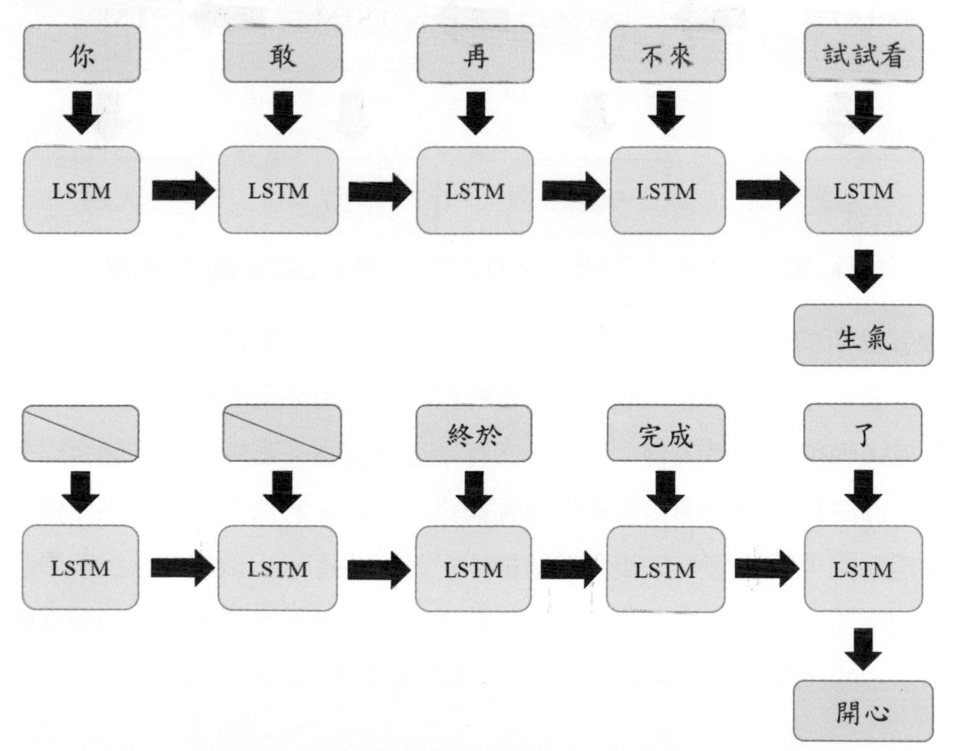

▲ 圖 6-9　用來分析文字情緒的 LSTM 網路架構圖

在本章節提到很多遞歸神經網路在自然語言的應用，其實遞歸神經網路也能用在處理圖片問題，如圖 6-10，假如現在放入一張圖片，希望神經網路能幫我們製造出有關這張圖片的文字標題，本書之前有提到，圖片的分析適合用卷積神經網路，而序列問題則適合用遞歸神經網路，所以在一開始會先將圖片分析先交給卷積神經網路，而產生的標題的每個詞彙間都一定有關連，所以這裡採用的是遞歸神經網路 LSTM，將每一個時序的輸出當作是下一個時序的輸入，這樣才能夠使產生出來的每個詞彙具有連續性，才能使整句話更有邏輯，而這個應用就是一個一對多（一個輸入對多個輸出）的遞歸神經網路架構。

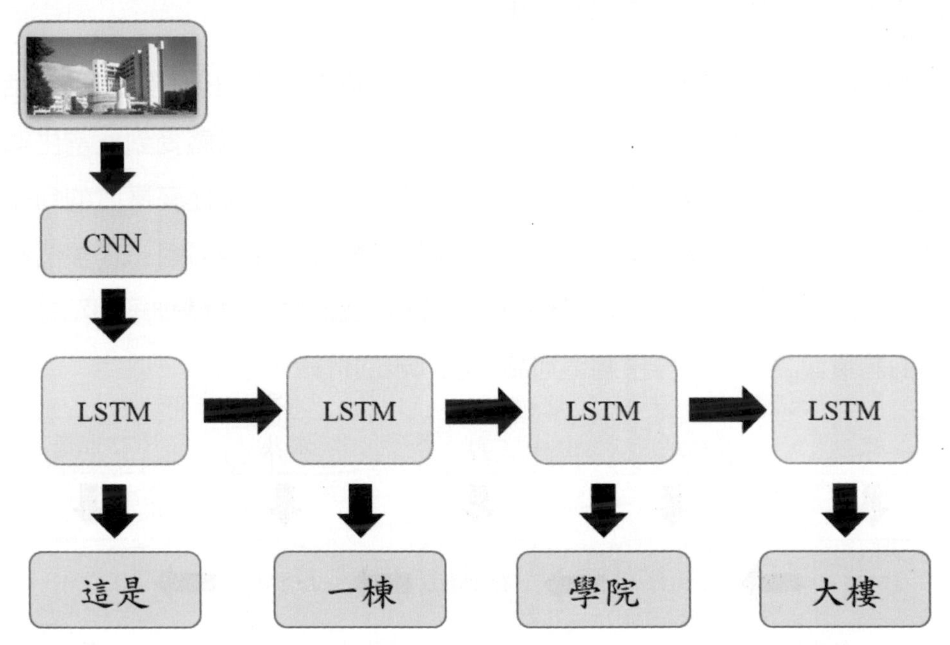

▲ 圖 6-10　用來分析圖片並製造文字標題的 LSTM 網路架構圖

講完圖片的應用，那一定會講到影片的應用，因為影片其實就是由多張具有連續性的圖片組合而成的，而遞歸神經網路一樣能用來分析影片，例如判斷影片是否包含色情或暴力等內容。而上一個應用也有提到：圖片的分析適合用卷積神經網路，而序列問題則適合用遞歸神經網路。因此在影片分析時，不僅僅只採用遞歸神經網路，圖片分析先交給卷積神經網路，並將分析後的內容按照順序丟給遞歸神經網路，分析圖片與圖片之間的關係，而這算是一個多對一（多個輸入對一個輸出）的遞歸神經網路架構，其架構圖如圖 6-11 所示。

最後要介紹的一個應用是一個不等長的遞歸神經網路，不等長的遞歸神經網路最常用於機器翻譯的問題，如圖 6-12 所示，現在輸入一句話「這是蘋果」，我們希望得到英文的「This is an apple」，但因為不同語言的語句長度不同，所以就會發現輸入和輸出的詞彙量（時序數量）不同，而且因為輸入和輸出都是一句話，每個詞彙間都具有意義，所以遞歸神經網路會將整句話都輸入時序中，才開始輸出翻譯後的語句。

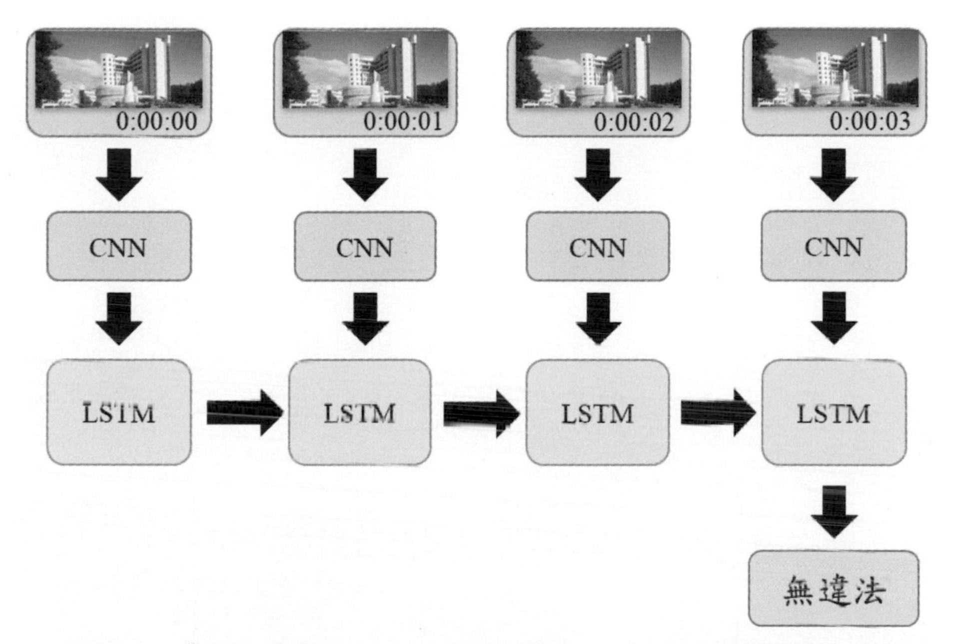

▲ 圖 6-11　用來分析影片的 LSTM 網路架構圖，CNN 神經網路負責分析影片中每一格的圖片並提取特徵給 LSTM 神經網路，而 LSTM 神經網路則負責分析影片中每格圖片的關聯性。

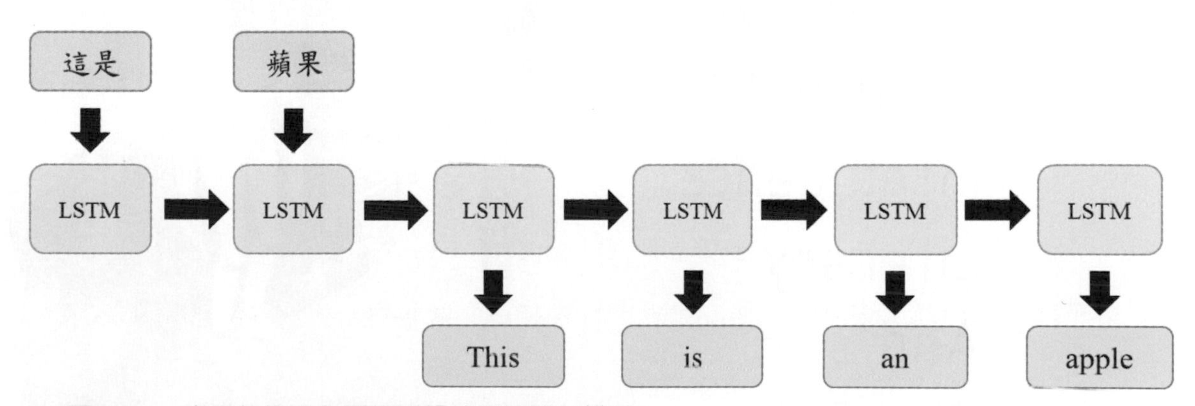

▲ 圖 6-12　應用於機器翻譯的遞歸神經網路架構圖

Note

Artificial
Intelligence
Literacy
And
The Future

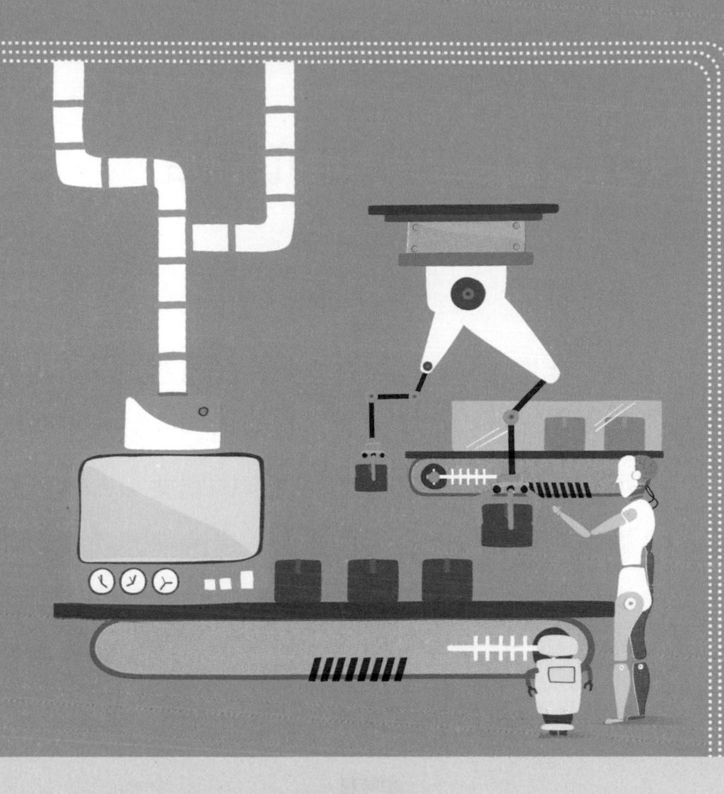

淺談生成對抗網路

前言

近年來，透過人工智慧的自我學習，已經能讓電腦具有創造力，可以自行作畫、寫詩、看圖說文，甚至能製造出假可亂真的圖片或影片。這樣的能力，可用來將黑白的照片或影片修復為彩色照片或影片，也可透過不同的風格來產生卡通動畫，更可參考某個過逝的人，他在生前的聲音、影像、表情、動作等資料，由電腦來模仿此人，自動生成為一個擬真的人，以對至親好友達到心靈治癒的效果。人工智慧的深度學習網路，除了讓電腦或機器人能思考、判斷、決策及預測外，還能夠如人們的創造力一樣，自動產生詩詞及影像，這主要是來自於本章將介紹的生成對抗網路。這樣的網路可以視為是機器人左腦和右腦彼此對抗，透過比賽及對抗來互相提升能力，電腦的左腦及右腦，便有如一個很專業的仿造者與專門抓仿造品的警察，彼此對抗，而在對抗的過程中，為了戰勝優秀的警察，專業的仿造者能力不斷的提昇，而警察也為了能識破仿造者所產生的仿冒品，也不斷地提昇自己抓仿冒品的能力，這樣的左腦和右腦經過很多次的對抗，便造就專業的仿造者，它可以模仿人們寫詩、畫畫、製造假圖片及假影片。

7-1 生成對抗網路

7-1-1 生成對抗網路架構的介紹

生成對抗網路，英文全名稱為 Generative Adversarial Nets，簡稱 GAN，它主要功能是模仿，讓電腦產生出以假亂真的圖片、影片、文字或聲音等，目前使用較多的是讓電腦自動產生卡通圖案、人物或動物的影片、詩集、文章或是知名畫家的畫作。它主要的概念，是讓神經網路看過一些真實圖片的樣本，經過一連串仿真訓練後，希望他能生產出類似真實但卻有不同風格的圖片。GAN 除了讓電腦透過模仿來產生近似的圖片外，還需要具有分辨的能力，能分辨製造出來的圖片是否與真實圖片很像。以下，將用一張圖來說明生成對抗網路運作的方式。

▲ 圖 7-1　生成對抗網路 (GAN) 架構圖

從圖 7-1 中，可以看到整個生成對抗網路 (GAN) 是由兩個神經網路所組成，分別是生成器網路及判別器網路。生成器最主要的功能是製造假的圖片，由輸入數值來產生偽造圖片，此輸入的數值是一個向量，可能代表的是卡通的頭髮形狀、顏色等特徵，如同圖 7-1 最左側的數值。這些向量決定圖片所生成出來模樣，例如說一張人的圖片其向量為 [1,1,1]，三個數值分別為頭、手及腳，若生成圖片的時候，將向量改成 [0,1,1]，那圖片就會是一個沒有頭的人。起初生成器在生成的時候可能不像一張正常的圖片，可能是全黑的圖，也有可能是頭長在地上的人，各式各樣奇怪的圖皆有可能。所以當訓練生成器網路時，就是希望生成的數值越接近真實圖片的數值越好，換句話說，也就是生成的圖片能越來越像真實的圖片。

而判別器網路的主要任務為分辨該圖是否為真實圖片，還是偽造出來的圖片。將生成器所形成出來的偽造圖片標記成假圖，另外將真實圖片標記成真圖，並且把真圖與假圖一起放進去判別器網路，作為判別器的輸入，讓判別器網路進行學習，若判別器網路看過很多圖案，也知道那張是真圖，那張是假圖，判別器網路便可透過深度學習的方式來學習真圖和假圖的區別，並找出其區別的特徵，經過許多圖片的訓練，判別器網路就有能力知道何者為真何者為假。起初判別器網路可能分辨真假的能力很弱，但經由多次訓練判別器，到最後可能一張人臉的假圖，鼻子可能歪了個 1 度，判別器都能夠知道這是一張假圖。在真實世界中，生成對抗網路 (GAN) 的應用越來越廣，不僅能夠自動產生圖片，我們甚至能輸入唐詩三百首，使其能自動生成新的詩集，或是輸入周杰倫那些很有深度的歌詞，使其造出很像周杰倫風格的流行音樂。生成對抗網路能做的不只這些，它有著無盡的可能，只要準備好大量的訓練樣本，就能隨時進行模仿。

7-1-2 生成對抗網路的訓練方式

生成對抗網路是由下列兩個步驟重覆迭代執行而成的。分別是 (1) 先固定生成器網路的參數，訓練判別器網路，也就是先固定住生成器製造假圖的能力，全力來訓練判別器網路其判斷真假圖的能力，這樣的訓練如同先培養一個優秀的警察。(2) 再固定判別器網路的參數，訓練生成器，生成器好比是要訓練的仿造者，他的專長是偽造圖片。利用仿造能力很強的仿造者，來訓練警察分辨仿造品的能力。這樣說可能有些許模糊，以下將分別詳細講解判別器與生成器網路的訓練過程。

1. 判別器網路 (Discriminator Networks) 的訓練

判別器網路就是一個神經網路 (Neural Networks)，其有能力可以分辨出真實的圖片與偽造的圖片。

當訓練判別器時，會先將生成器網路中的權重等參數固定不變動，這就表示不會對生成器做訓練，接著將許多的隨機數值當作生成器的輸入，至於生成器的輸入資料是從一個給定的數據分布中，隨機抽取數值。舉例來說，假設使

用常態分布 (normal distribution) 來隨機決定輸入的數值，其中每一個數值都代表著一個卡通圖片的特徵 (如頭髮顏色、眼睛大小、鼻子形狀等)。把這些數值當作生成器的輸入資料，透過生成器的處理，將依數值的特徵來形成卡通的臉部。在送入判別器時，也同時告訴判別器這張圖片是假圖。而判別器的功能就相對直覺，會將每張圖像個別輸入至判別器，判別器的神經網路會經過複雜的運算，給定出一個分數 (介於 0 ～ 1 之間)，越高分代表判別器認為輸入判別器所給的圖片越接近真實的圖片。當然，對判別器訓練時，若送入的是一張假圖，並告訴判別器這是一張假圖，若判別器以目前的判斷能力，給了一個接近 1 的高分，這代表判別器認為這是一張真圖，因為當初輸入假圖給判別器時，有告知判別器這張是假圖，因此判別器便知道自己錯得離譜，便會修正自己的判斷標準，使其判別的特徵能判定這張是假圖。這個過程便是判別器的學習過程。同樣的，若生成器輸入的是一張真圖，它也告訴判別器，這是一張真圖，而判別器若是以目前的能力，認為這是一張假圖，給予很低的分數 (接近 0 分)，那麼由於生成器有告訴判別器這是真圖，判別器便可以修正自己的判斷方式，這也是學習。久而久之，當判別器看過很多真圖與假圖，也修正自己的判別真假圖的特徵，學習久了，判別器在判別真假圖的能力便會提昇到某一個水準，這時，判別器的訓練便已完成第一階段。

如圖 7-2 所示。也就是說，使用這樣的規則去訓練判別器，真實圖片使用判別器輸出後所給的分數越接近 1 越好，而生成器隨機生成的圖片，使用判別器輸出的分數越接近 0 越好。

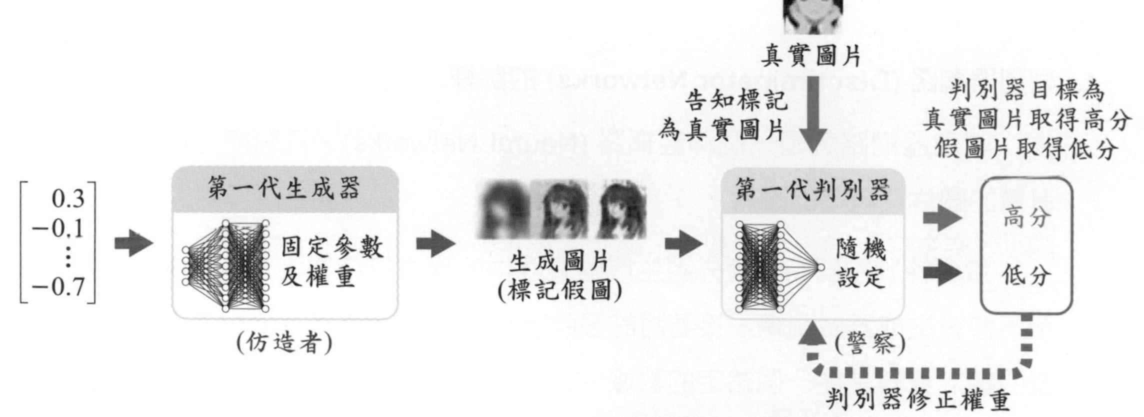

▲ 圖 7-2　第一代判別器訓練成第二代的過程

然而這樣的訓練方式就已經訓練好第一代判別器，判別器可以成功地分辨第一代生成器所產生的假圖片，因此也升級為第二代的判別器。經過許多次的訓練後，判別器的能力當然也會跟著再更上一層樓，最終就能達到跟人一樣，甚至超越人類的判別功能。

2. 生成器網路 (Generate Networks) 的訓練

生成器網路 (Generate Networks) 是一個可以產生圖片的網路，該圖片可以讓判別器網路 (Discriminator Networks) 分辨出來的結果是真實圖片。以圖 7-3 來表示生成器網路的訓練過程。

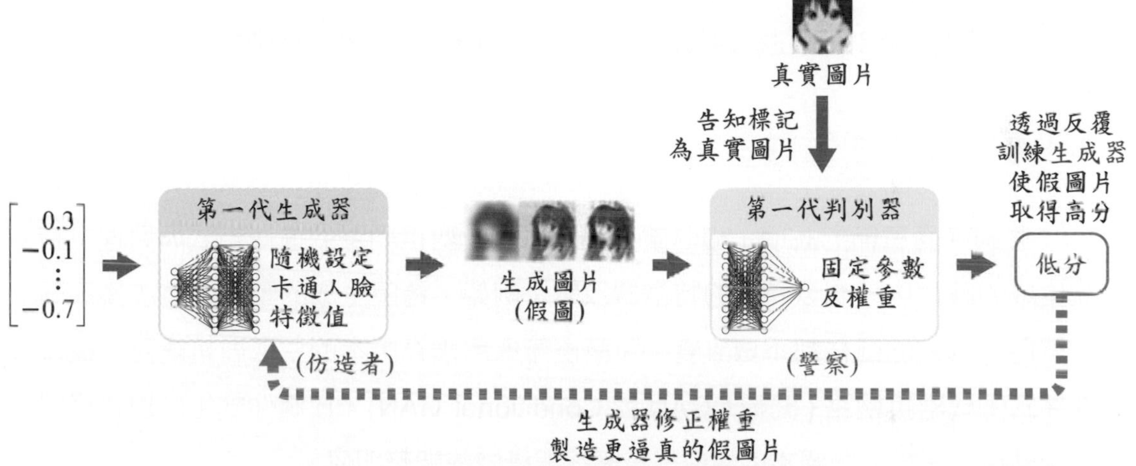

▲ 圖 7-3　第一代生成器訓練成第二代的過程

利用前一步已訓練好的判別器，此時因為判別器已經訓練完成，其分辨真假圖片的能力很強，也就是一位很強的警察已訓練完成，完全可分辨任何的偽造品，這時便以這個能力強的警察，來進一步訓練一位偽造能力很強的仿造者。我們將警察的能力固定，不再對警察進行訓練，也就是固定判別器的參數 (表示進行生成器訓練時，不會對判別器進行訓練)，目標為訓練仿造者的偽造能力，也就是準備調整生成器中的參數，以便增強生成器其偽造圖形的能力。假如想要生成卡通人物的圖片，給定隨機參數當作生成器的輸入值，生成器將會生成出來一張卡通人物圖片，這張圖片將成為判別器網路的輸入資料，最後輸出一個分數，生成器訓練的目標，就是要去“騙”過判別器，換句話說，就是希望生成出來的圖片，可以得到判別器更高的分數，假設輸出的分數為 0.1，而 0.1 這個數值跟目標數值 1 的結果有所誤差，這時就會固定住判別器裡的參數 (固定住警察辨別偽造品的能力)，去進行生成器 (仿造者) 的訓練，也就代表告訴生成器，這張圖片不夠像真實圖片，需要再造出更像的圖片。接下來就是不斷的重複，所要的目標就是希望分數可以越接近目標數值 1 越好。

生成對抗網路，便是這樣輪流訓練判別器與生成器，先將判別器辨識偽造圖的能力增強，再以騙過判別器為目標，來訓練生成器產生很逼真的偽造圖，當生成器訓練完成，可騙過判別器時，再以訓練判別器為目標，將生成器的能力固定，使判別器能夠加以訓練，以便其判斷真假圖的能力可以更上一層樓。透過很多回合的訓練後，生成器與判別器的能力都提昇很多，這時，取出生成器來做為商業用途，便有能力自行產生很逼真的卡通圖案、詩詞文章及仿造影像。

7-1-3　條件式生成對抗網路

透過前面章節的說明，相信讀者已瞭解生成對抗網路的運作方式與原理。若在生成的圖片中只想要特定的特徵做改變，例如，希望生成的圖片能夠改換不同的髮色，其它的風格都不做改變，那麼便可採用擴充版本的生成對抗網路，稱為條件式生成對抗網路 (簡稱 CGAN 或 Conditional GAN)，在條件式生成對抗網路的架構裡，只需要對原本的生成對抗網路架構做些調整即可。

如圖 7-4 所示，在這條件式生成對抗網路中，輸入的部份，除了要給予生成器許多造圖的特徵向量外，還需要輸入條件向量，說明想要生成的圖片需符合的條件 (戴墨鏡、油頭)。假設黑色頭髮的條件向量為 [0, 0]，而金色頭髮的條件向量為 [0, 1]，那麼當只希望輸出金色頭髮的時候，將金色頭髮的條件向量 [0, 1]，跟隨著生成圖片的特徵向量，一起當作輸入資料，輸入生成器網路中。除了生成器網路的輸入資料需要附上條件向量外，在條件式生成對抗網路中，判別器網路也必須分辨生成器所產生的的成品有沒有符合附加條件向量 (金頭髮)。

相關影片

Deepfake 怎麼製作的？

相關文章

Deepfake 換臉 GAN 簡單講解

從上述的例子中，可以理解到，生成對抗網路 GAN 是經由小量的真實資料，去產生大量的訓練資料，這一定是個非監督式學習的模型，對應到其他監督式學習的模型，生成對抗網路是神經網路 Neural Network 的一大突破。生成對抗網路是透過類似互相切磋，互相精進的概念，一方面改善模型準確度，另一方面改善生產高品質的訓練資料，現在除了條件式生成對抗網路之外，也有著各式各樣類似的對抗網路持續發展中，是一個非常具有潛力的深度學習領域。

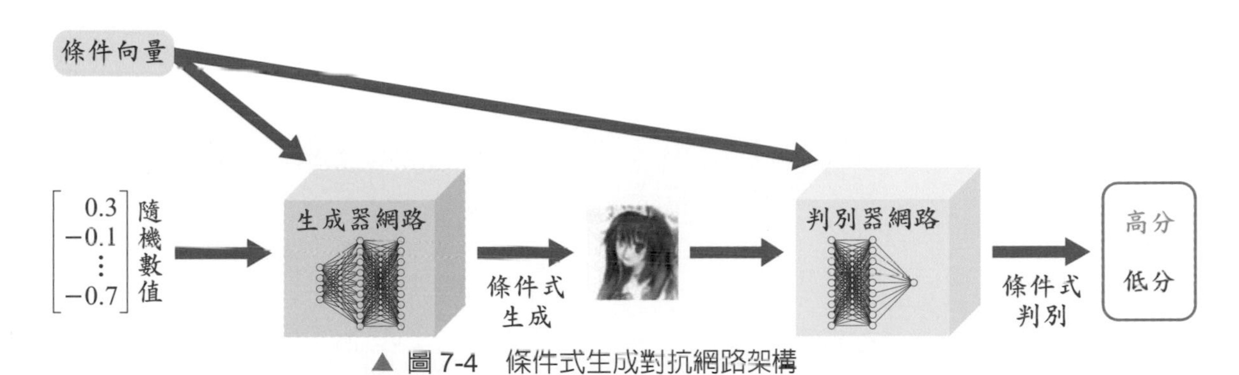

▲ 圖 7-4　條件式生成對抗網路架構

Note

Artificial
Intelligence
Literacy
And
The Future

Chapter

8

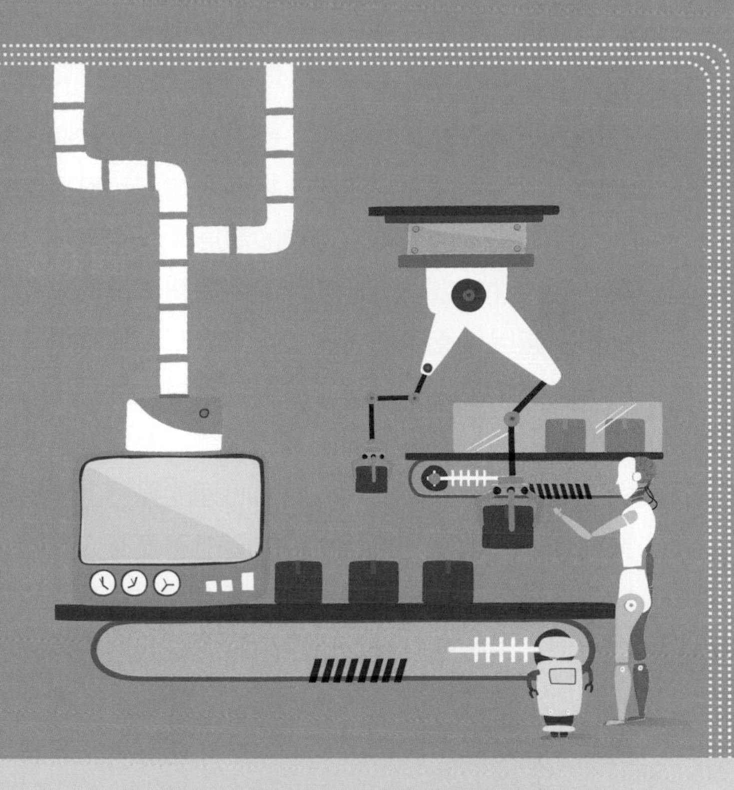

人工智慧的未來與挑戰

前言

人工智慧歷經幾次的起伏，現今它又迎來了另一個榮景，不管在學術界亦或是在產業界，無不如火如荼地積極研製開發人工智慧相關技術與產品，人工智慧無疑已成為當今的顯學。不管你喜不喜歡，亦或是相不相信人工智慧，它都已悄悄地進入你我的生活中，且正慢慢地影響，甚至改變你我的生活。

人工智慧依其智慧的強弱，分為弱人工智慧及強人工智慧。在提到強人工智慧的同時，另外一個詞彙，弱人工智慧經常也會跟著出現。首先來瞭解一下弱人工智慧，其實目前接觸的人工智慧差不多都可以歸結在弱人工智慧的範疇，其不要求機器具有人類完整的認知能力，而只需要通過大量的數據來建立一個模型，進而使用這個模型來處理一些問題。例如垃圾郵件的分類，只需要系統能夠分辨出哪些文字屬於垃圾郵件的幾率比較高，以及用戶更有可能將何種內容的郵件歸類成垃圾郵件，並利用貝葉斯理論來進行建模即可實現。另外，貓與狗圖片的辨識，只是卷積神經網路對於像素塊的一種抽象的認識，他們會對於某些特徵非常的敏感，在面對不同種特徵的時候，其屬於各類動物的得分也會不同，進而產生判斷。這些技術在某些特定的領域具有幫助人類的功用，但是一旦進入另外一些領域，則完全無用。

而與之相對的強人工智慧，則要求機器能夠像人類一樣處理各種各樣的事件，並且模擬出人類才擁有的意識、感性、知識和覺悟等特徵。

近年來，隨著電腦硬體的發展，科學家在計算機上模擬生物神經元系統的嘗試有了突破性的進展，他們能夠在電腦中模擬人腦的神經處理機制，這種機制與人腦接受刺激以後產生電訊號的回饋類似，神經網路能夠通過反向傳輸這一設定模擬回饋。因此，在比較低層次的生物行為，例如生物視覺上，人工智慧的學習能力已經不亞於人類，通過大量的照片學習，機器能夠做到比人類更準確的圖片辨識率。然而在高層次的人類行為，例如心理的模擬上，機器仍不具有相關的能力，想要獲得具有強人工智慧的機器，就需要能夠模擬人類的一些抽象、複雜的行為。而使機器能夠獲得自主學習的能力就是其中一個重要的研究議題。

弱人工智慧的具體應用已展現在我們生活的許多層面，諸如：自動駕駛車、無人商店、車牌辨識系統、大陸的「天眼」監控系統等。因此，我們現在所謂的人工智慧，若不特別說明，一般指的都是弱人工智慧。我們現在就幾個層面來看看人工智慧在這些方面的應用：

8-1 人工智慧未來趨勢

8-1-1 人工智慧在交通上的應用

人工智慧技術與日常生活彼此結合運用，具體展現於交通上，解決種種都市交通問題，並建構既安全又便利的交通環境。目前已經有人工智慧自動駕駛汽車，透過感知技術辨識交通號誌與標誌、其他車輛、自行車和路上行人等周圍環境，另外還得偵測來物的距離與速度，做出能夠像人一樣駕駛的反應，擁有人類駕駛決策的屬性和技巧。這有效的減少交通事故，因為自動駕駛汽車不像人類駕駛，是以肉眼觀察環境，感知環境能力有限，而是利用感測器 (如光學雷達) 做大範圍的感測，如圖 8-1，因此對於潛在危險可以做出安全的反應，且反應速度較人類快速。在交通壅塞方面，也可利用設置於路口的攝影機，蒐

相關影片

AI 接管交通號誌

相關影片

走在科技前列，芬蘭無人巴士率先上路，AI 自動駕駛還會遠嗎？

▲圖 8-1　自動駕駛車

集路口的數據匯入雲端分析，並算出在尖峰時段與離峰時段最合適的紅綠燈秒數來調節車流，以號誌自動化解決塞車問題。

目前全球的自動駕駛已經進入試運行的階段，在台灣是以公共運輸交通率先運行測試。近期將在淡海新市鎮劃定一個區域作為實驗場域，在淡水輕軌最終站崁頂站到淡海美麗新影城廣場之間劃定一個口字型的區域，作為自駕車試車的實驗場域。而在台北市政府也已經有進行自駕車測試，如圖 8-2 所示，在凌晨的台北市信義路，將雙向公車專用道封閉進行測試無人小巴。如此使得自駕車技術有機會可以在這裡透過真實場域運行。若無人巴士正式上市後，相關的交通法規、停車空間、交通號誌及道路設施等都需要進行

▶ 圖 8-2　台北市政府測試無人巴士
(資料來源：https://autos.udn.com/autos/story/12168/3963502)

必要的調適與更新。另外，哪些路段開放自駕車試車、交通號誌如何標準化等也都需要規畫，才能帶動自駕車發展。因應國際趨勢，現在汽車業者自組台灣自駕車技術聯盟，要開始生產台灣國產自駕車，中華智慧運輸協會也協助交通部成立台灣自駕車推動小組，要全力應戰，跟上國際的趨勢 [1]。

而在美國最著名的廠商 Tesla 推動的自動駕駛一直被業界所矚目，Tesla 的輔助駕駛系統就取名為自動駕駛 (Autopilot)，關於自動駕駛車在美國汽車工程師學會（SAE）已經有明確而嚴格的定義，將自動化程度分為 Lv0-Lv5，如圖 8-3 所示。目前在市面上能買到的車款，大多數介於 Lv 2-3 之間，有專家認為 Tesla 的 Autopilot 可以稱為 Lv2+，是能夠在開車時可以將注意力移開，像是看手機或影片，但還是需要在必要的時候控制車輛，而 Tesla 的官網也有強調，目前的功能需要駕駛人主動監督，應將手保持在方向盤上。不管怎麼說，當前的科技對於全自動駕駛，還是有一段艱難的距離，若 Lv5 完全自動化的無人自動駕駛車輛能真正的問世，政府也應該推出相應法規以及交通規則，且提供一個安全的環境也是必須的 [2]。

自動化程度		SAE名稱	定義	國際立法狀況	國際產業發展進度
警示	Lv0	無自動化	有警報系統支援，但所有狀況仍由駕駛人操作車輛	已立法	2015年
駕駛輔助	Lv1	輔助駕駛	依據駕駛環境資訊，由系統執行1項駕駛支援動作，其餘仍由駕駛人操作		
	Lv2	部分自動化	依據駕駛環境資訊，由系統操控或執行多項加減速等2項以上的駕駛支援，其餘仍由駕駛人操作		
自動駕駛	Lv3	有條件自動化	由自動駕駛系統執行所有的操控，系統要求介入時，駕駛人必須適當的回應(眼注視前方/手不須握住方向盤)	各國推動中	2020年
	Lv4	高度自動化	於特定場域條件下，由自動駕駛系統執行所有的駕駛操控(Hand free/Mind free/不須要駕駛人)		2025年
	Lv5	完全自動化	各種行駛環境下，由自動駕駛系統全面進行駕駛操控(Hand free/Mind free/不須要駕駛人)		2030年

▲ 圖 8-3　自動駕駛定義（資料來源：工研院產科國際所）

人工智慧在全世界是最重要的技術，未來在智慧交通上會有各方面要解決的問題，從交通壅塞，到安全事故、疲勞駕駛。要解決這些問題，就需要在各個區域運用科技資訊及運算，即時知道有多少交通工具在運行著，什麼地方可能車流量龐大，造成擁堵。在未來人工智慧與交通的整合越趨成熟時，隨著重整的路口越來越多，以及車聯網的車越來越普及，能夠用於緊急交通事故發生時，車輛可持續前進的條件 [3]。以救護車為例，現今救護車在前往救援的路上時，往往駕駛都是在聽到鳴笛之後才意識到要讓道，另一方面，救護車為了把握黃金救援時間，冒著發生意外的風險闖越紅綠燈及超速。而未來隨著車聯網越來越普及，如圖 8-4，當有救護車行駛路口時，可以向鄰近路線的智慧車輛進行警示，也與號誌系統做警示資訊，能夠將紅綠燈做即時的調整，為救護車提升救援速度，同時也能保障路上行車安全 [4]。

▲ 圖 8-4　救護車行經十字路口

未來，AI 會融入每一台汽車，讓每種交通工具變成真的無人駕駛，汽車可以彼此提醒，爆胎了，或是失控發生事故了，提醒周圍的其他車輛小心行駛或改道。這個時代來臨，會給人類帶來很大的改變。汽車自動化交通帶來許多好處，但也帶來一些潛在問題，像軟體的可靠性，是否能在不同的天氣類型下不受影響，或是在車輛數量龐大的情況下，是否受到干擾；資訊安全性，是否會遭到駭客侵入系統，影響行車安全，也失去個人隱私。自動駕駛車能不能獲得廣泛使用目前仍不清楚，但如果真的獲得廣泛採用，將會面臨許多要解決的障礙。

8-1-2　人工智慧在教育上的應用

目前人工智慧在教育方面的運用，相較於其他產業來說，進度比較落後。目前大多屬於輔助的角色。多應用在老師教學時，透過一些評量，再經由人工智慧分析，讓老師可以了解學生的學習狀況，透過這些數據來給予老師們在教學上建議以及輔助。

目前市面上產品，有 SMART SPARROW 而在紐約也有公司推出機器人可以跟小孩子對話，透過對話的數量多寡，來學習與小孩的相處與應對 [5]。日本東京

▲ 圖 8-5　機器人教師
(資料來源：http://scitech.people.com.cn/BIG5/25509/9397266.html)

理科大學也做出一個機器人教師 (如圖 8-5)，機器人被命名為「薩亞」。他們讓它走進東京的一所小學課堂進行教課實驗，它會講約 300 個短句和 700 個單字，甚至臉部也已經可以表達 6 種表情。這個測試最後結果，小孩子有觸摸機器人的臉，因為機器人的臉是由精細橡膠制成，所以學生們都覺得它是真的人，最後機器人也在課堂上點名，讓學生們真的把它當成老師 [6]。

由於近年來人工智慧的發展趨勢強烈，進步速度也越來越快。許多的應用都在融入我們的生活中，而教育方面，當然就是朝向如何讓教學內容更多元，讓即時的時事可以隨時加入到課程中。人工智慧在教育這一環上，目前還有許多問題需要克服。例如：如何了解學生在學習當下是否了解？當學生發生問題時，如何獲得幫忙？這些人際上的互動、情感上的交流等。

當現在人人至少一支智慧型手機時代，擁有智慧型裝置的人年齡越來越小，甚至小孩童年就是玩著平板電腦長大。隨著這樣的改變，未來學習不懂可以隨時在家透過線上教學來複習。而人工智慧教學，可以有考試、學習上的數據分析，對於教師可以有更多時間用在發現學生的問題。但這些智慧裝置的學習，給家長帶來的是需要花更多的心思在督促小孩的學習 [7]。

而這些人工智慧教學與 ICT(資訊與通信科技 Information and Communication Technology，簡稱 ICT) 結合所帶來的便利，可以讓家長知道小孩學習內容外，也可以讓學生對於不熟的地方，可以多次複習。這是在當前學校教學中，比較少使用的一環。另一方面，在學生之間發生衝突時，可以還原事情發生的經過，避免有處分錯誤的發生 [5]。

相關影片

AI 機器人教英文

8-1-3 人工智慧在居家上的應用

居家生活中最常見的人工智慧設備不外乎是智慧音箱(如圖 8-6)(如：Amazon Echo、Google Home 等)或者是智慧型手機附帶的語音助理。由於這兩種設備絕大多數的運算都是透過雲端回傳至伺服器，故對於設備的處理器能力要求並不高，價格也變得親民許多，其中智慧音箱更是如此。

▲ 圖 8-6 智慧型音箱
(資料來源：https://www.amazon.com/)

家裡的燈、電冰箱、窗簾等等，這些設備都可以透過語音助理來控制，而語音助理還可以透過不斷的學習以及接收更多外界的資訊來達到更好的回應效果。例如：以往下給語音助理的開燈指令，可能會因為語音助理得到外界資訊(溫度、室內亮度等)，發現室內溫度較低以及亮度較低，而將原來開燈的預設指令(亮度 400 流明的白色燈光)更改為(亮度 800 流明的黃色燈光)，根據色彩心理學，黃色燈光會給使用者帶來溫暖的感覺。

我們生活中的人工智慧產品還有一項也很常見，就是掃地機器人(規劃式)[8]，每一部掃地機器人都是從工廠生產出來一模一樣的，要如何因應每個家庭不同的格局以及擺設呢？當然是透過一開始的學習，就像隨機式的掃地機器人，一開始先隨機掃，透過碰撞(或偵測)來確認這個室內空間的格局，未來就會更有效率地進行打掃。再更高階的甚至能透過鏡頭來判斷障礙物是否可以推開還是像沙發、冰箱等，無法推開而必須繞過的大型家具，甚至是一面牆，這可以加速室內平面圖的繪製以達到更高的打掃效率。

近年來人工智慧的發展越來越快，也慢慢的融入普通民眾的生活中。在居家應用的大方向都是朝著使用人工智慧來當作家裡的管家，能夠替使用者打理家中大小事務這個方向來發展。目前市面上大多數的人工智慧管家都只是一台固定式的設備，外型看起來可能是個設計感十足的音響放在家中，不但是個人工智慧管家，某種程度上也可以稱為一個藝術品。

漸漸的也有廠商看到不一樣的商機，正在逐步開發更貼近人們口中所謂的「管家」，將外型跟行為設計的更像個真正的人，就像即將在 2019 年 AIOT Taiwan(台灣國際人工智慧暨物聯網展) 參展由王道機器人股份有限公司所開發的 Cruzr 1S [9]，其外型設計有雙手以及頭部，功能包含人臉辨識、立體導航、高清會議等，還能透過文字、語音、視覺、動作、環境來達成人機交互，主要設計用途為辦公助理。這類可用於特定地點的人工智慧助理目前也逐漸地問世，可以想像未來當用戶回到家後看見人工智慧管家走出來迎接用戶，幫用戶提公事包去放並打點好家中的一切的日子指日可待。

8-1-4 人工智慧在醫療上的應用

隨著時代的進步，機器漸漸地可以像人一樣會思考會學習，因此如今已經有一些機器人可以做一些人類可以做到的事情。以醫療為主的人工智慧技術，基本上可以分為以下幾種：醫療機器人、智能診療、智能影像識別、智能藥物開發、智能健康管理等 [10]。舉例來說：現在醫療人員嚴重不足，因此為了節省時間，各家醫院都利用自動付費機來取代櫃台的收費人員、利用中央病床監控系統來減少所需的護理人員。

台灣較為著名的醫療機器人，便是各大醫院皆有使用的達文西手術機器人做手術。外科醫生只需透過顯微鏡畫面以及控制機器手臂來做手術，因此外科醫生可以不用站在手術台上，如圖 8-7 [11]，而其他護理人員則是需要在旁邊幫忙輔助，這樣的手術方式可以讓病患的傷口較小，恢復得快還能提高手術的效率，如圖 8-8。舉例來說：長庚醫院有設置一個達文西微創手術中心，適用於泌尿科、婦產科、胸腔外科等手術，它使用 3D-HD 超高解析度視野與仿真手腕手術器械，讓醫生擁有立體感覺，可以清晰準確的進行器械操作以及提升手術的精準度與靈活度，增加了更多完成手術的可能性 [12]。

相關影片

最夯醫療手術－達文西手臂解碼

相關影片

AI 判讀準確度高－翻轉醫學教育

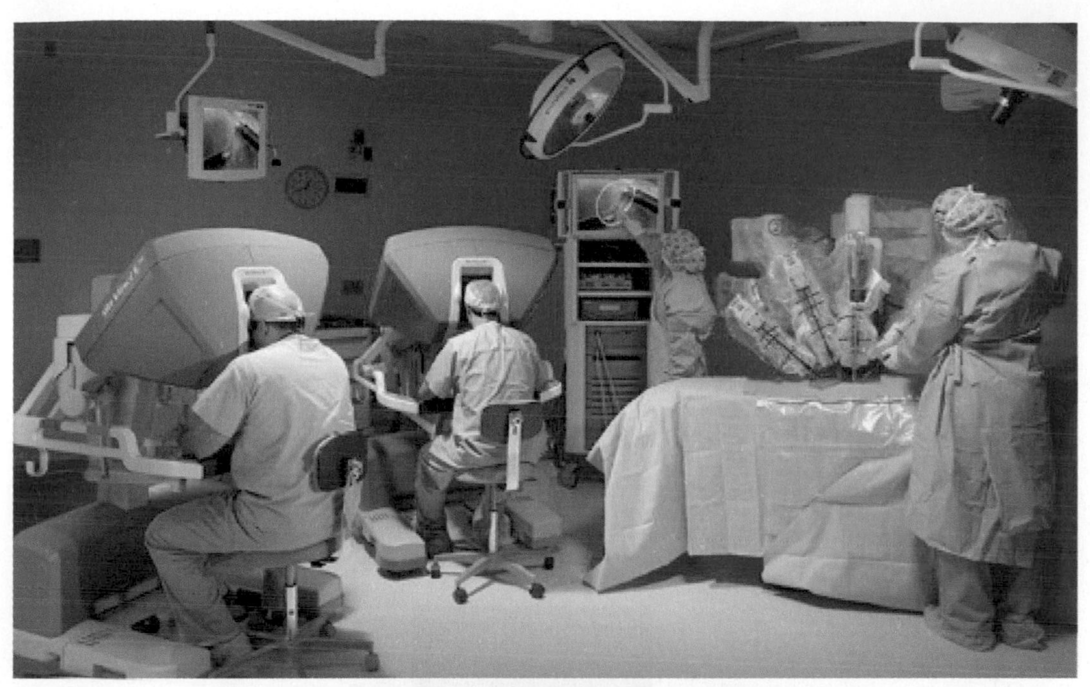

▲ 圖 8-7 達文西手術機器人手術

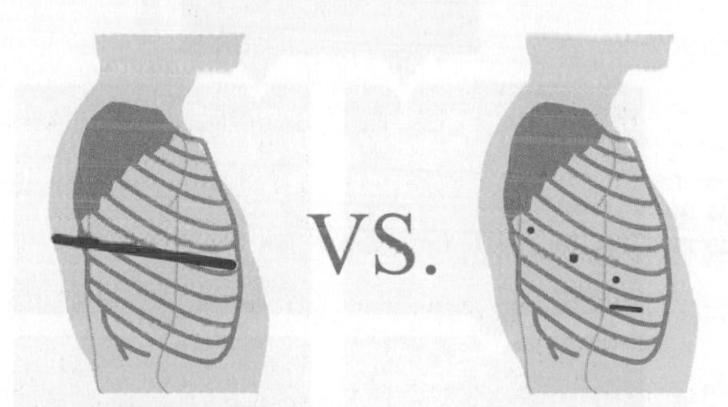

開放式胸廓切開術傷口　　達文西手術傷口

▲ 圖 8-8 傳統手術 vs 達文西微創手術

然而在智慧影像識別的部分，我們知道在過去所有的醫學影像檢查的資料都必須要給醫生看過才能確定病因。然而只要做一次電腦斷層掃描或磁振造影，電腦就會產生大量影像資料，因此為了找出異常的影像，醫生必須一張一張看，但是這樣的方式十分耗時，且需要長時間集中精神，所以可能導致醫生誤診的情形。為了解決以上問題，人工智慧能協助醫生做判斷腫瘤的部分，現在台灣部分醫院也開始使用人工智慧影像辨識的技術。舉例來說：臺北榮總和交通大學研發團隊現在發展的「腦部腫瘤影像判讀 AI 系統」正是要教導、訓練電腦學人腦，看懂醫學影像，達到判讀診斷人工智慧化的醫療新境界 [13]。判讀診斷人工智慧化的訓練方式是醫生需要將許多腦瘤影像圖標註好後讓人工智慧去訓練以及測試，教電腦分辨不同型態的腦部腫瘤及影像特性，才可以提高判讀的機率 [13]。而未來人工智慧能幫醫生從每個檢查動輒數百、數千張影像中迅速過濾出關鍵影像，協助診斷。如圖 8-9 中可以看到有五個影像圖，其中最上面的部分是原始的影像圖，而下面四個部分則是分成兩個步驟：右半部是醫生先找到腫瘤後，再利用人工智慧來複檢；而左半部則是讓人工智慧去判讀腫瘤的位置，之後醫生再做一次確認的工作。這樣一來醫生若不小心誤判，就可以馬上發現，或是人工智慧判斷後，醫生可以再做確認的動作，這樣一來人工智慧若判讀錯誤的話也可以馬上發現。然而要讓人工智慧判讀影像的話需要將許多腦瘤影像圖標註好後讓人工智慧去訓練以及測試，才可以提高判讀的機率。

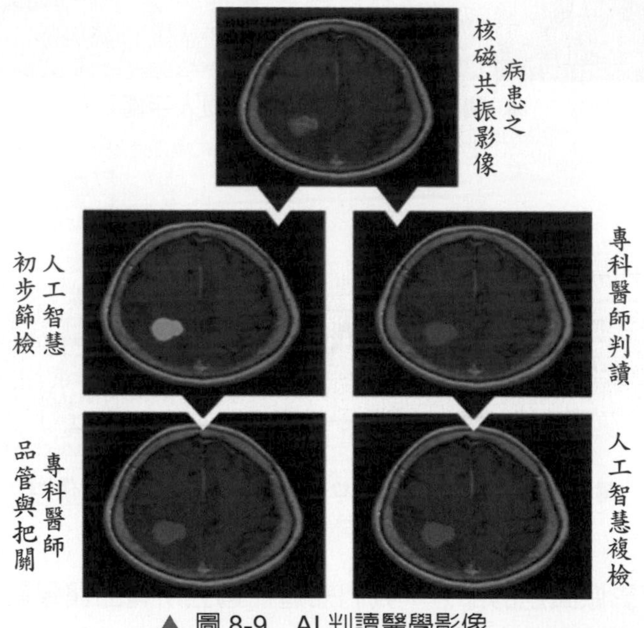

▲ 圖 8-9　AI 判讀醫學影像

在未來或許我們可以讓人工智慧單獨去判斷病患的症狀 [14]，或是讓醫療機器人能直接掃描病患的身體從而得知病患是否有骨折等問題，如圖 8-10。另外，現在有醫院已經在使用醫療服務機器人，讓一些病患可以詢問一些問題或是做醫療教育 [15]。因此有些簡易的服務業或製造業未來可能會被機器人所取代。

我們知道人工智慧機器人不會累，不需要休息也不會生病，還可以在長時間的工作中不會因為疲勞而導致誤診，所以它將可以有效減少醫生的勞力負擔 [17]，且人工智慧具有驚人的快速的記憶力和高容量儲存力，所以可以讓人工智慧去統計病患的病歷，或是去判讀影像等部分事務，這樣不但可以幫助診斷、預防誤診，還可以縮短醫生診斷的時間。

另一方面，醫療數據的隱私是人工智慧醫療系統成敗的關鍵因素，因為醫療數據都是儲存於雲端，因此可能會出現個人資料等隱私洩露的風險。個人數據一旦洩露，將會打擊人們對人工智慧的信任。另一個問題也是一個很重要的部分，那便是責任的問題。如果沒有醫生參與診斷，這時醫生卻接受人工智慧的錯誤建議時，那麼若是出現醫療過失時，應該要由誰要對這個醫療錯誤負責 [17] ？

8-1-5　人工智慧在養老上的應用

人工智慧時代來臨，人性化設計的各種仿生機器和智慧化工具也能應用於養老方面，其中，智慧服務型機器人的市場極具潛力。台灣因為少子化問題，未來將對年輕人造成巨大的壓力。照目前趨勢來看，未來可能一個壯年人要養將近一個老年人，所以開發相關功用的智慧機器人，有助於年輕一代減輕勞力、節省時

▲ 圖 8-10　未來醫療 [16]

間、確認安全、防治疾病、管理財富等等，有更好的選擇，提供更多的高齡家庭獲得人工智慧機器人完善的服務，如圖 8-11。

▲ 圖 8-11　AI 時代來臨？（資料來源：https://kknews.cc/tech/3ovny9y.html）

在養老照護上，擁有設備完善的養老照護機構協助或者是在家請個傭人來打理行動不便老人的日常生活，若利用一些輔助型人工智慧機器人 [18]，它可以做的事好比說端端茶水食物、輔助行動、身體狀況自動偵測、疾病管理等。跟一般機器不同點在於人工智慧機器人工作的時候，並不是重複性的照著既有的設定反覆執行，而會藉由以往的行為模式達到學習效果，能夠有效減輕照護人員的工作負擔。現階段已有人工智慧機器狗，有多種仿生的小狗行為模式，可以表達不同情緒模式和行為模式，可以在生活中陪伴老人，透過和機器狗的互動玩耍，達到心理上的滿足和快樂。軟體銀行 (Softbank) 投資的專門照護人工智慧機器人 Romeo [19] 動作靈活，可以上下樓梯、拿取物品、監護老人在家的狀況等功能，更可以透過攝像頭紀錄物品位置資訊。

如何分辨老人當下的需求呢？如果科技進步到配合學習肢體動作慣性、語言表達、時間、空間等條件來分析他們需要什麼，利用精良靈敏的感測能力，即使

▲ 圖 8-12　完善周到的人工智慧照護機器人

老人行動不方便、口語表達不清，機器人也可以透過學習常規行為模式或是偵測到其他某些關鍵的要點來判斷並執行動作，當然這需要相當強大的人工智慧學習能力、分析感測能力及足夠的資料量。對於現今的情況來說，即使有許多科學家研發了許多功能完善周到的人工智慧照護機器人，如圖 8-12 所示。試圖解決養老和照護的問題，但真正進入家庭的仍非常稀少，因為製造一個機器個體的價格要花費幾十萬甚至幾百萬，並不是一般家庭能夠負擔。所以研發人員正極力將成本壓低至一般家庭可以接受的範圍內，這可能還需要好幾年的時間，人工智慧照護的目標才能逐漸的普及 [20]。

在未來幾十年，超高齡社會的來臨，伴隨大量醫療和照護的需求，隨著人工智慧科技的進步，無論省電效能、價格、人性化設計程度、安全機制的升級等等，發展整合趨於成熟穩定，並且能夠大量生產，不僅是家庭養老人工智慧機器人的普及化，所有相關產業也將積極轉型成自動化或半自動化的營運模式。因此陸續出現人工智慧診所 [21] 可以幫忙二十四小時全天候看病，人工智慧養老院也廣為設立，在未來部分勞動力或許會轉為操作機器的人員，如圖 8-13。

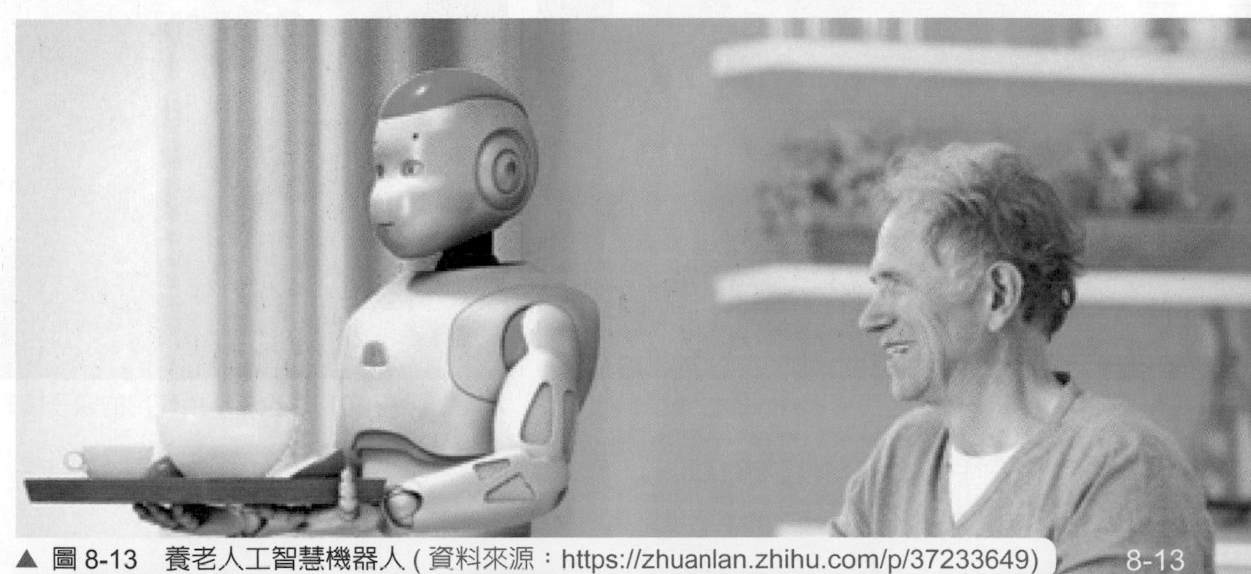

▲ 圖 8-13　養老人工智慧機器人 (資料來源：https://zhuanlan.zhihu.com/p/37233649)

然而如此亦可能造成一些衝擊，例如：在生產層面來說，機械原料需求增加、電力需求增加、水資源需求增加等等。而當這些人工智慧診所或養老院設立所帶來的直接影響，不外乎就是人力需求減少，醫生、護士、照護人員、家庭傭人的需求量自然會降低，雖然人工智慧機器人可以是個好幫手，可以有效率的解決人類的種種問題，但也無法忽視它所帶來的負面影響。

8-1-6 人工智慧在娛樂上的應用

娛樂一向能帶給人們快樂與幸福的感覺，在早期大多數的娛樂往往都是建立在單獨的一項活動上，例如：遊戲、音樂、閱讀、電影和各式各樣具備高吸引力的事情。但隨著科技日新月異，使得娛樂漸漸加入科技的成分，就遊戲而言可能不再侷限棋藝之間的切磋，而是與其他人之間同時專注在同一件事物並且具有同一目的上的競爭，例如：電子競技 (如圖 8-14)。

而從音樂來看不再只是單純樂器美聲與人聲的交融，也加入需要電子合成所產生的電子音樂 [22](圖 8-15)。而在閱讀上不再受到時空背景和場所的限制，在任何地方都可以使用個人行動裝置來觀看、享受自己喜愛的讀物，而最為經典的就是電影。電影產業讓所有人都可以享受逼真的故事和畫面，同時也逐漸導入除了用視覺和聽覺外，增加觸覺跟味覺，帶給我們身歷其境的冒險。

▲ 圖 8-14　電子遊戲 (英雄聯盟) 的世界冠軍
(圖片來源：https://www.twipu.com/VANVANprj/tweet/1117044344249171971)

▲ 圖 8-15　Disc Jockey 所使用的電子調音盤

因此，除了這些日常生活中垂手可得的簡單的娛樂項目，其中，漸漸的有一股新興勢力正異軍突起，大幅度的改變我們對於娛樂這項事物上的方式、想像。我們將這全新的力量稱為人工智慧，人工智慧也稱為機器智慧，在本書中前面已介紹大量的人工智慧定義和解釋，那這跟娛樂有什麼關聯呢？答案是息息相關。在現在的生活周遭充斥著許多人工智慧的影子，舉凡交通、教育、醫療、居家生活，不得不承認，人工智慧已經和我們早已息息相關，甚至形影不離，因此探討人工智慧在娛樂方面做出什麼樣的貢獻跟改變。

人工智慧通常隱藏在事物中默默地服務使用者，首先在遊戲這方面，不再像以前只是單純的破解關卡，許多遊戲大廠在他們的軟體中加入所謂的機器學習，透過機器學習可以改變遊戲中的關卡難度，不再只是一成不變。因此在 2014 年時 DeepMind 開發了人工智慧圍棋軟體：AlphaGo，利用蒙地卡羅樹搜尋法與深度神經網路來設計。因此，電腦可以結合樹狀圖的數據來推斷，又可像人類的大腦一樣自我學習進行直覺訓練，藉此提高下棋實力 [23]，並在 2016 年 3 月時使用「AlphaGo Lee」的版本擊敗韓國職業棋士李世乭 [24](圖 8-16)。截至今日，DeepMind 已經開發出能夠和人類在線上遊戲對戰的人工智慧，在 2019 年 1 月 25 日，AlphaStar 在《星海爭霸 II》以 10：1 戰勝人類職業玩家，由此可見，經過深度學習的 AI 可以成為人類最大的對手 [25]。

▲ 圖 8-16　南韓圍棋九段棋手李世乭與 AlphaGo 對弈中
(資料來源：https://theinitium.com/article/20160309-dailynews-alphago/?utm_medium=copy)

▲ 圖 8-18 Crypton Future Media 基於 VOCALOID 2 所開發的虛擬歌手 (初音未來)

VOCALOID™5
STANDARD

▲ 圖 8-17 VOCALOID 釋出的最新版本 (VOCALOID 5)

▲ 圖 8-19 會演奏的機器人

相關影片

Toyota 產業技術紀念館
機器人演奏小提琴

而在音樂上，日本的開發商：Yamaha Corporation 開發了軟體核心引擎 VOCALOID(圖 8-17)，這個軟體可以合成語音和音樂，就好像歌手一般 [26]，因此如果再與動畫做搭配，虛擬歌手 (圖 8-18) 就誕生了，它可以栩栩如生的在畫面上載歌載舞，以及和觀眾互動，宛如真人一般 [27]，使得唱歌不再是人類及動物們的專利。接著在閱讀上，大多數愛好閱讀的使用者都會有自己特別閱讀的口味，有些人喜歡小說，雜誌等等，透過大數據及人工智慧的應用，系統可以判斷出使用者的喜好，並加以歸類和排序，就可以讓使用者知道哪些書是他會感興趣的。如此一來，使用者可以很快的調閱書本，大幅減少了找書的時間。最後是電影的部分，透過上述所說的這些技術的應用，人工智慧可以分析出那些劇本題材和演員是觀眾最會想看的，因此除了觀影時的體驗之外，也可以大幅的影響觀眾的觀後感。

上述所提到的都是現階段在日常可以碰到的例子，隨著時間的推移，人工智慧可能會讓以上的情境變得更加新穎，慢慢的可以逐漸取代掉真人。拿音樂來舉例，除了上述所提到的虛擬歌手外，未來還很有可能會利用機器學習的特性讓人工智慧執行編曲寫詞的工作 [28] (圖 8-19)，除此之外，在未來電影這方面，可不是單單的分析觀眾的喜好取向，目前電影業正在嘗試讓人工智慧做一些專業的事情，比如剪輯、編劇等，這些都能夠透過人工智慧完成。

8-1-7 人工智慧在 COVID-19 上的應用

2019 年年底，中國武漢開始爆發新冠肺炎 (COVID-19, Coronavirus Disease 2019)，令世界各國無不發生恐慌。美國、日本、南韓等國家接連實施境管措施、撤離僑民等官方應對措施，民間也掀起搶購口罩、酒精等衛生用品的風潮。在這人人自危之際，新興科技一人工智慧，為我們提供前所未有的幫助。藉由監測大數據資料及透過人工智慧的運作，達到對未來的預測。對於有可能爆發的疫情，人工智慧的預測可以起到防範未然的作用。

來自加拿大的新創公司 Bluedot，是一家使用自然語言處理與機器學習技術來進行傳染病監控的公司，他們透過分析全世界 60 種語言以上的新聞報導、動植物疾病報告及官方公告等，經大數據分析後，再由公司內部的專業人員判定資料正確性，最後才對他們的客戶進行警告，以避開疾病可能爆發的危險區域 [29]。

雖然美國疾病管制與預防中心 (CDC) 以及世界衛生組織（WHO）分別在 2020 年的 1 月 6 日和 1 月 9 日發布 COVID-19 疫情的官方公告，但其實 Bluedot 早已預測 COVID-19 疫情爆發的區域及擴散路徑，並在 2019 年 12 月 31 日就向他們的客戶發出警告。相比 CDC 和 WHO 發布官方公告提早了一周 [30]。

利用人工智慧的技術分析數據能夠掌握大量且即時的資訊，並降低人為的影響。政府單位可能因為行政流程而拖慢資訊傳遞效率，或是沒有完善的疫情數據統計，但使用人工智慧可以透過媒體報導、網路言論、或是行為模式等資訊，取得疾病的相關訊息，協助相關單位防疫。藉由醫療和人工智慧的結合，可以達到協助預測疾病的傳播，提升防疫效能。

人工智慧在防疫上的應用

在 COVID-19 疫情期間，為了防止疫情的散播，在捷運站、校園、百貨公司等人流眾多的地點，均要求民眾配戴口罩，並安排工作人員協助對顧客進行體溫量測及症狀評估，倘有發燒或呼吸道症狀者，予以勸導避免進入 (如圖 8-20)。為確保民眾配戴口罩及體溫量測，往往需要在各個出入口增派人力管控，這不僅形成人力的浪費，也增加企業的負擔 (圖 8-20)。

然而，若是能在出入口架設 AI 溫測儀，透過影像處理、機器學習技術配合紅外線溫度感測，即可獲得非接觸式且高精準度的體溫篩檢系統 (如圖 8-21)。能自動辨識民衆是否佩戴口罩，並且能測量體溫，無須將臉面對著鏡頭，就可以辨識完成，若有問題則可即時通報。這樣能在人流衆多的地方有效落實防疫自動化，也可以減少人力駐守，並降低因排隊檢測而造成人群壅塞的狀況，有些學校或公司甚至加入了身分辨識，減少不相關的人員進出 [31]。

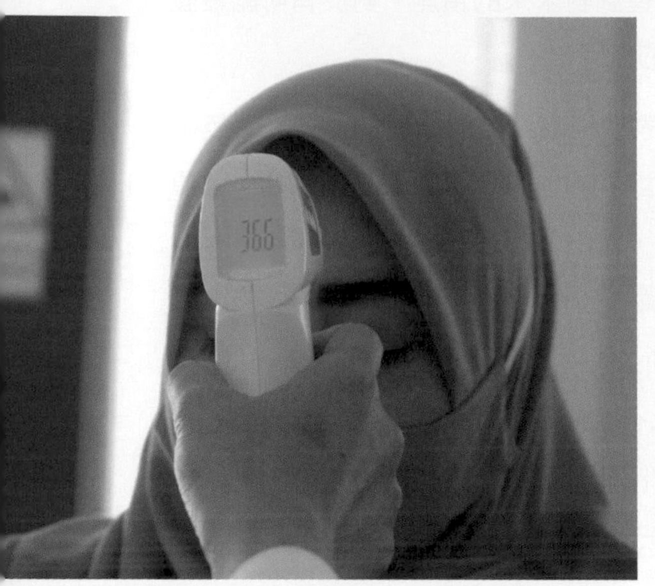

▲ 圖 8-20 人力測量體溫 (資料來源： https://unsplash.com/photos/yqLsYiuQgwo)

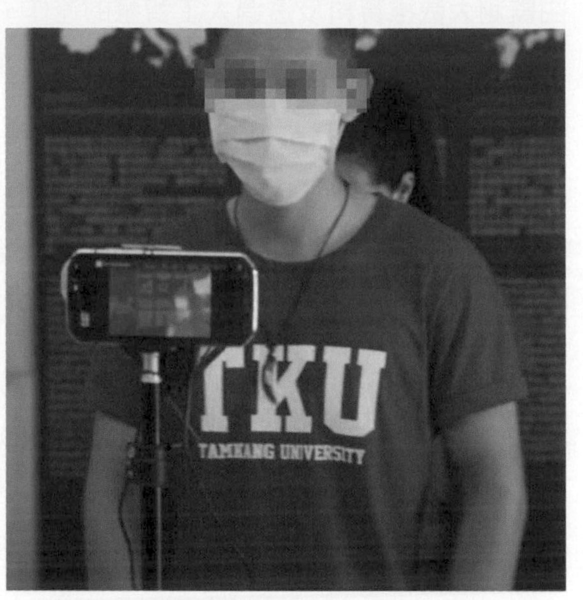

▲ 圖 8-21 自動化感測體溫 (資料來源：https://www.youtube.com/watch?v=IPDIUK0xAUE)

相關影片

微軟 Azure X 醫療科技－打造體溫、口罩 AI 偵測

人工智慧在診斷疫情上的應用

由於 COVID-19 的篩檢過程十分重要，可是篩檢的患者數量過多，或是醫護人員人手不足，都可能造成篩檢上的疏失，導致防疫上的缺口。而藉由人工智慧的機器學習演算法可以快速的判斷肺部 X 光影像中的疑似 COVID-19 的病徵 (如圖 8-22)。當患者拍攝胸部 X 光後，AI 會先進行檢測，若 AI 判斷為高機率疑似 COVID-19 的 X 光影像，則優先提醒醫生判讀 [32]。

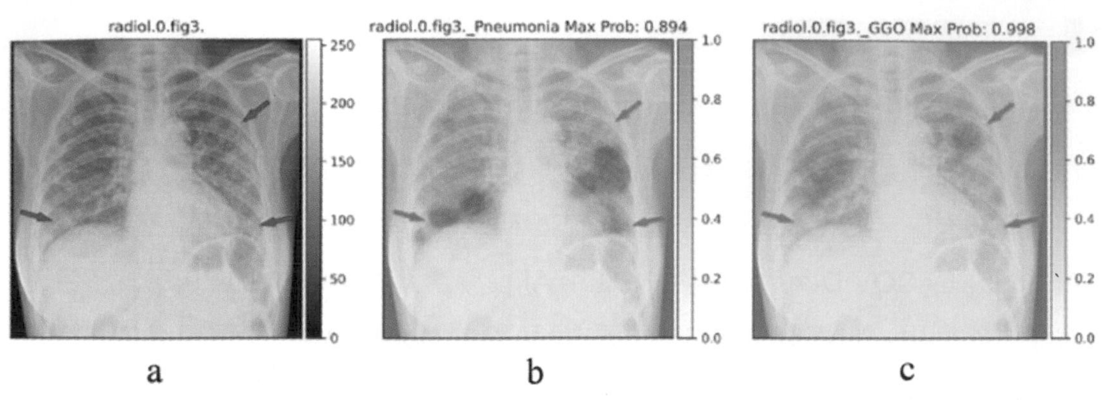

▲ 圖 8-22　肺部 X 光片：(a) 醫生手動標記，(b) AI 判定肺炎區域，(c) AI 判定毛玻璃狀區域
(資料來源： http://trh.gase.most.ntnu.edu.tw/tw/article/content/113)

國立成功大學資訊工程系蔣榮先教授率領的團隊「MedChex」，參加世界衛生組織 (WHO) 所舉辦的「國際 COVID19 科技防疫黑客松大賽」，在 1560 個團隊中脫穎而出，成為臺灣唯一獲選的團隊。團隊以 AI 人工智慧判讀胸部 X 光片，套用蔡依珊醫生提供的大量新冠肺炎陽性及陰性結果的胸部 X 光片，讓機器學習與判讀，一秒就能辨識是否具有新冠肺炎特徵， MedChex 系統即可自動檢測高危險患者並向醫生示警 [33]。

另外，麻省理工學院研究團隊開發 AI 模型，透過卷積神經網路 (Convolutional neural network, CNN) 訓練，不斷將咳嗽聲資料給 AI 訓練，透過辨識「咳嗽聲是否源自 COVID-19」，藉此能更迅速的過濾潛藏的無症狀感染者 (圖 8-23)，然而 COVID-19 對於肺部影響較大，因此在分辨 COVID-19 肺炎患者與其他肺炎患者之間的差異，仍需更嚴謹的科學數據去輔助 AI 辨別 [34]。

▼ 圖 8-23　咳嗽聲訓練 AI
(資料來源：https://pixabay.com/illustrations/cough-cold-flu-woman-disease-face-4316095/)

人工智慧在製藥上的應用

自 2020 年 2 月 13 日，中央研究院召開「國內學研單位 COVID-19 合作平台」會議，其目的是為了共享研究材料、資訊及研究成果從而加速研發進展 [35]，並由臺灣大學、陽明大學及中研院等國內學研單位與台灣人工智慧實驗室 (Taiwan AI Labs) 的 COVID-19 合作平台，使用 AI 模擬當藥物與 COVID-19 病毒結合時會發生的結果，將模擬預測的結果建成資料庫「DockCoV2」，運用這些數據能大大地降低實驗失敗的成本 [36] (圖 8-24)。

除了模擬藥物成效外，結合 AI、深度學習、機器學習及自然語言處裡更能大幅縮短臨床試驗的前置作業，例如：透過 AI 加速比對大量研究數據病患資料、AI 文案自動生成等 [37] (圖 8-25)。

上述所提到的人工智慧的應用，在大家的眼裡可能認為都是好的，然而讓人工智慧包辦上述這些事情不外乎都指向一個結果，那就是有些工作再也不需要人類去做，而這不外乎可能會對現有的產業結構造成影響，被取代的那些人該何去何從？這是我們需要去思考的問題。

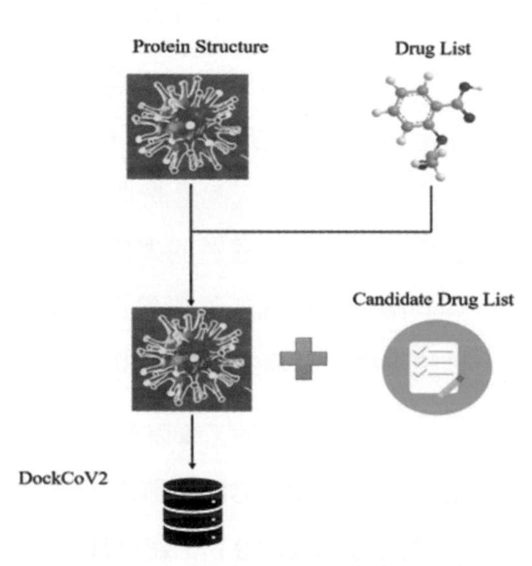

▲ 圖 8-24　DockCoV2 資料庫示意圖
(資料來源： https://academic.oup.com/nar/article/49/D1/D1152/5920447)

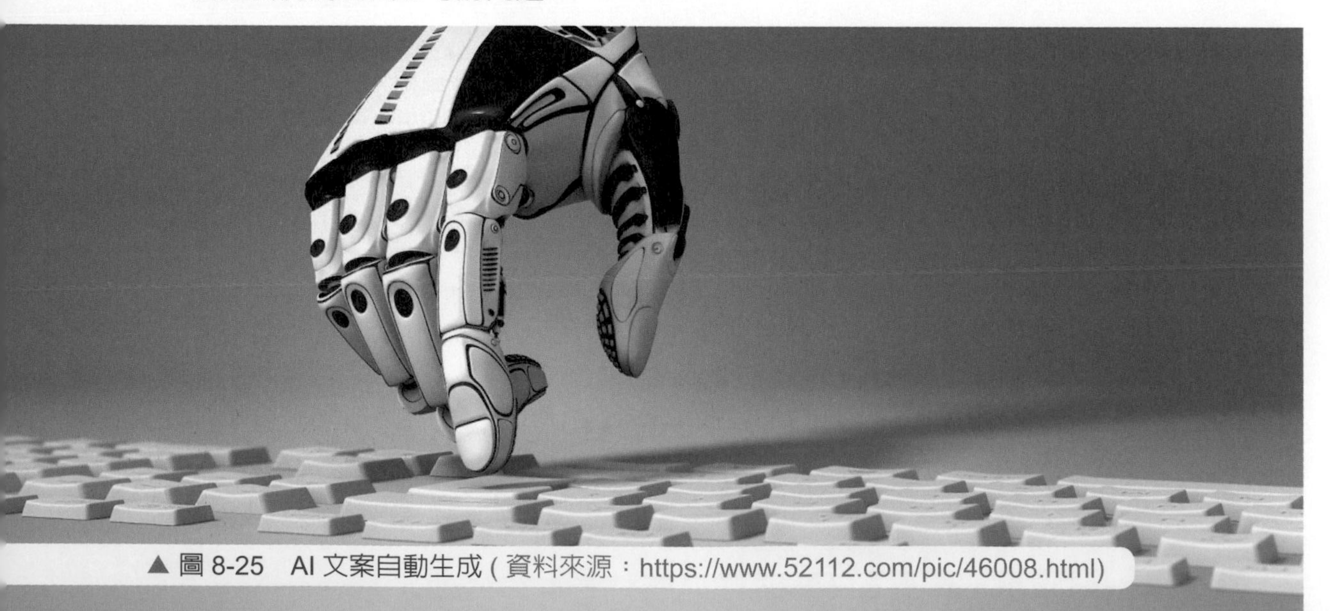

▲ 圖 8-25　AI 文案自動生成 (資料來源：https://www.52112.com/pic/46008.html)

8-2 人工智慧省思與挑戰

當前，計算機的深度學習和人類的自主學習相比，仍具有相當的差距。其主要的差距在於人類能夠從非常少的數據中學習到一個模型，以及人類可以能夠以直覺和心理學來建構一些模型，然而目前人工智慧在這一塊技術上還具有相當大的進步空間。

在此議題下，如何使計算機具備自主發展和學習的能力就非常的重要，當前大部分的深度學習系統要求工程師為每個新的任務手動指定任務特定的目標函數，並通過大型訓練數據庫的離線處理系統來訓練。相反地，人類的學習是開放性的，由他們自己決定目標，以及通過與同伴之間的互動，依靠自己的好奇心或者目標來決定學習的方向。這種學習過程也是漸進的，持續在線的。隨著學習的進行，其複雜性會逐漸增加，這種學習也具有順序性，在時間推移中慢慢獲取和建立技能。最後另外一點也與機器學習不同，人類的學習發生在現實社會當中，其具有能量、時間和計算資源上的嚴格限制，而反觀目前的機器學習則不太注重這方面的考量，機器可以使用成百上千的 GPU 進行運算，也可以廢寢忘食的學習幾天以得出一個模型。

8-2-1 我的工作是否會被人工智慧取代

在過去的二十年中，認知機器人領域、發展心理學與神經科學方面的專家，通過研究人類嬰兒，在機器的自主學習方面取得一些進展。他們建立一些相關的模型，這些模型討論大型、開放環境下多個智能系統之間的相互作用，以及如何讓智慧系統獲得好奇心與內在動機，使其可以主動進行一些學習。

目前而言，深度學習通常側重推理與優化，雖然這是必不可少的，但是科學家提出，學習是一整個動態的過程，其包含推理、記憶、注意力、動機、低級運動系統、社會交往等等多個因素。正是這一系列的複雜行為動態交互形成人類系統。未來，這其中將有越來越多的因素會被納入人工智慧模型建制的考量當中。

人工智慧在未來的發展只會越來越聰明，能夠做的事也會越來越多。不可避免的，它亦將取代部分人類的工作。舉例來說，瑞典包裝公司 BillerudKorsnas 已將機器人安置在一些需要重複任務的崗位上。另外 Amazon 公司在他們的倉庫管理中，也大量地使用機器人取代人工勞動，如圖 8-26。雖然人工智慧可以減少人類的就業機會，有一部分人們將失去生計。

一般來說，現在在人工智慧領域中對於問題的解決還基於非常基本的認知和判斷的階段，對於事物的理解和運用，在人工智慧領域依舊是空白。並且人工智慧是基於大量的資料和現有資料進行統計分析，然而要對實務的理解和運用並不是以此而來的。所以，在有新的人工智慧模型誕生之前，人工智慧的發展還是在一個非常初步的階段，即便它解決問題的能力已經很強，並且已經有大量的崗位被人工智慧所取代。

能被人工智慧所取代的行業大都是進行重複繁瑣的勞動，最顯著的就是運輸和物流。雖然人們現在還不能購買完全自動駕駛的汽車，但已有數千輛無人駕駛汽車上路運行。一些用於測試目的，而另一些則提供乘坐共用或計程車服務。業內人士表示，自動駕駛汽車的第一個真正的市場可能是非常有價值的卡車運輸業。與人類駕駛員不同，自動駕駛系統不需要休息，並且這些新車可以使貨運更快、更安全。另外，在中國大陸，人工智慧已經進入零售市場。從貨物的廣告到顧客完成支付，整個過程全為無人刷臉自動付款，從支付寶中扣除，這樣減少大量的人員花費，使零售行業逐漸趨向於無人化和自動化。

▲ 圖 8-26　Amazon 機器人 (資料來源：Amazon 官方網誌)

現今人工智慧雖然發展的如火如荼，但是本質上其實還只是一個個模型，並不具有自己的思想。在人工智慧世代，創新是非常重要的一個元素。因為目前來看，人工智慧還不懂創新。所以，許多依靠熟能生巧的工作，在未來大多都有可能被人工智慧所取代。往近了看，許多的裝配車間已經可以做到完全通過電腦來操控以節省人力；往遠了看，機器人可以取代保潔人員，司機，甚至是醫生、律師這樣看起來需要很多經驗的工作。但機器也有做不了的事情，例如它對人類感情一竅不通，所以像是藝術家或者是文學家這樣需要創新的工作，就相對非常的安全。

許多人因為害怕人工智慧擁有超過人類的智慧而去抵觸它，是非常不理智的。在人工智慧世代，每個人都應該對人工智慧技術有個初步的認識。從整個人工智慧產業的角度來說，人工智慧只是為人類服務的一種工具，這會推動人類的進步，讓人們減少重複勞動和搞複雜的計算勞動，使人類的智力和能力提升到一個更高的水準，也就是說，人類將從事更高級的勞動，進而把一些低階的、繁瑣的勞動交給人工智慧進行處理。

AI 新世界，人工智慧不能取代的工作有哪些？

8-2-2 水能載舟亦能覆舟

當人工智慧深入我們的生活之後，我們除了可以享受它所帶來的便利性之外，我們是否想過，它有可能為我們帶來麻煩嗎？

以上講了這麼多應用，看似如此美好的生活環境，靠的就是人工智慧透過蒐集數據來做出相對的回應，那這背後是不是包含了一些風險呢？想像一下家裡有個人一直盯著你看，了解你的日常作息，知道你幾點上班，幾點下班，喜歡甚麼類型的音樂，喜歡購買哪種產品，即便產品長的再可愛，就是透過一雙眼睛看著你生活，這些使用者訊息都是會被上傳的，這樣一想還是有點怕怕的吧。當然不僅僅是這樣，這只是看起來有點可怕，真正可怕的是上傳的資料真的只有人工智慧看過嗎？開發此產品的公司開發人員呢？

這些人工智慧產品的背後都有一間公司，當你的房子裡充滿各式各樣的物聯網產品，而這些產品都由人工智慧助理來管理，那開發這個人工智慧助理的公司是不是可以很清楚地了解你，即便你不認識他，如果被有心人利用，那是不是有一天當你前腳剛走出門上班，後腳有心人可能就到你家門口直接走進去了（智慧門鎖），連你家那厚重的防爆門都檔不住，當他進入屋內後你花錢所購買的產品還會對他好生伺候，就像對你一樣，以上說的是人類對人類可能造成的危害。

電影機械公敵中所描述的則是機器人對人類的反撲，電影中演的或許是誇張了一點，但誰又敢保證這不會發生呢？當我們一昧地追求人工智慧要更像個人更加的智慧的時候，是不是有想到當某一天這些產品成為擁有真正思想的生命的時候該怎麼辦？普通電子壞了舊了可以丟棄，當他具有思想後，發現自己即將被淘汰了會如何呢？

再說幾個實際的例子，亞馬遜所推出的產品 Echo，許多用戶表示 Echo 曾經在未經喚醒的情況下發出竊笑聲 [38]，對此亞馬遜公司並沒有解釋原因，而只是將太容易辨識錯誤的語句禁用，例如：Alexa, laugh（Alexa, 笑吧），改為 Alexa, can you laugh?（Alexa，你可以笑嗎？）也會將收到指令後的反應改成「Sure, I can laugh（是啊，我可以笑）」，而不是直接發出笑聲。也有 Google Home Mini 的用戶表示，該產品在未經喚醒的情況下自動錄音將錄音回傳至 Google 伺服器，Google 也在此事發生後採取修補措施，用戶依舊對自己的隱私產生疑慮。

在網路普及的現代，大家都知道，也多少有體驗過，當網路中斷時，大家無不怨聲載道，無所適從，無不期待網路能即時修復。試想，若干年後，當人工智慧已深深地融入我們的生活之後，不管是智慧型機器人，或是任何智慧型系統，提供我們全方位的服務。但是，當我們在享受他的服務的同時，萬一哪一天，這些系統停擺了，我們是否還可以不受影響的生活呢？例如，大家引頸期待的無人駕駛車，可以不用人為操控即能自動行駛於道路上。若是大家都習慣了乘坐無人駕駛車，會不會以後大家都忘了如何開車了呢？萬一哪一天，自動駕駛系統故障了，是不是你哪裡都去不成了呢？另一方面，當人工智慧的決定影響到你的生命安全時，那又是另一個問題了。比如說，今天某一人工智慧系統根據你的生理特徵，診斷出你將得癌症，你要不要相信呢？再者，若是人工智慧被不肖人士利用於智慧型犯罪，這會讓人更加難以防範呢。

科技始終來自於人性，適時發展科技，對於我們生活帶來便利，是我們非常樂見的情形。但凡事都該有上限，一昧追求便利之餘，我們也要多多思考高科技所帶來可能的負面因素，而去加以避免，對於未來生活品質的提升，可以多一份安心。

十大世界末日危機「AI 人工智慧」竟排第一？

李開復：「AI 會給我們敲響什麼警鐘」？

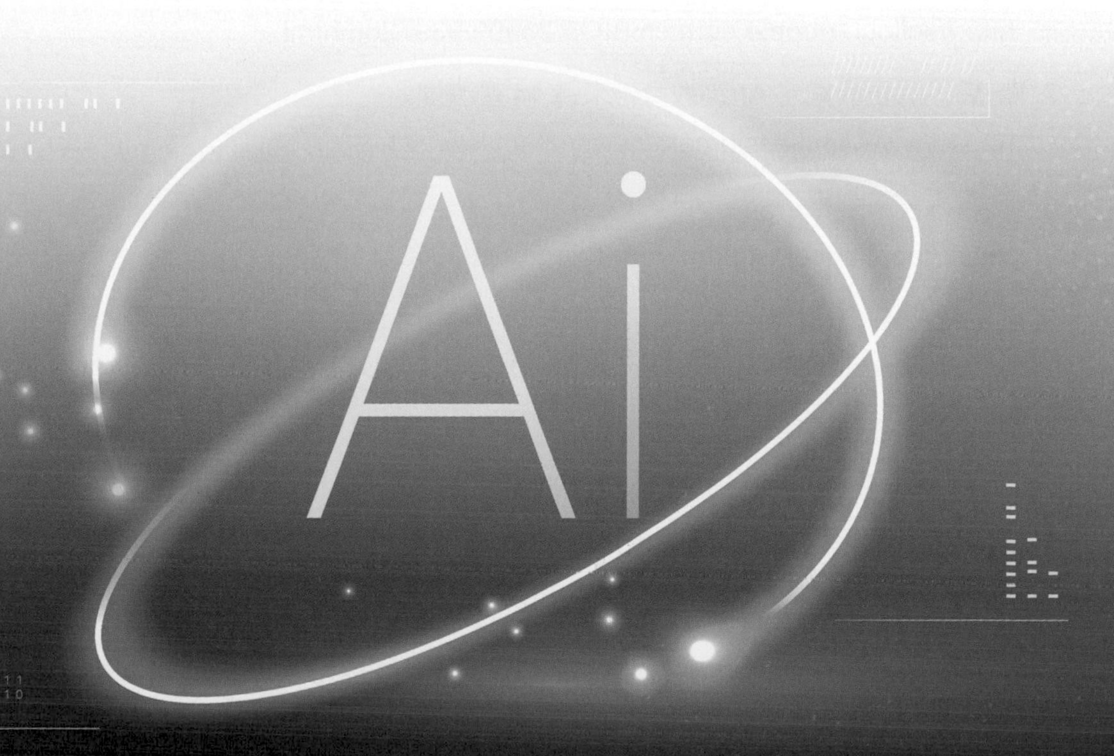

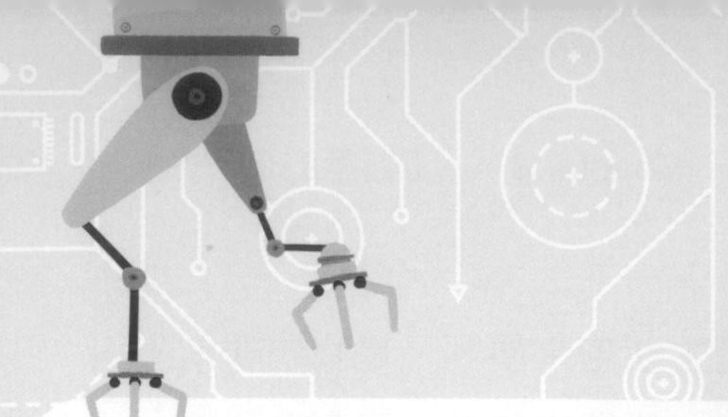

參考資料

1. 自駕車行不行？
   https://autos.udn.com/autos/story/12168/3963502
2. 台灣自駕車產業規劃與發展策略
   https://www.automan.tw/news/newsContent.aspx?id=2725
3. 自動駕駛汽車維基百科，自由的百科全書
   https://zh.wikipedia.org/wiki/ 自動駕駛汽車
4. 無人駕駛車 / 自駕車技術探索
   https://ictjournal.itri.org.tw/Content/Messagess/contents.aspx?MmmID=654304432061644411&MSID=745621454255354636
5. AI 在教育行政與教學上的應用 - 財團法人中技社
   http://www.ctci.org.tw/media/7240/7-%E5%BD%AD%E6%A3%AE%E6%98%8E%E6%95%99%E6%8E%88_ai%E5%9C%A8%E6%95%99%E8%82%B2%E8%A1%8C%E6%94%BF%E8%88%87%E6%95%99%E5%AD%B8%E7%9A%84%E6%87%89%E7%94%A8.pdf
6. 教師機器人
   http://scitech.people.com.cn/BIG5/25509/9397266.html
7. 未來不需要教室了 AI 為教育帶來這 14 個改變
   https://www.limitlessiq.com/news/post/view/id/1493/
8. 家電好控部落格
   https://applianceinsight.com.tw/blog/post/305344000
9. CRUZR1S- 王道機器人
   http://www.kinglyrobotics.com/m/2010-1600-250177.php
10. 人工智慧在醫療領域的 5 大應用
    https://kknews.cc/zh-tw/tech/k6r45np.html
11. 達文西機械手臂助外科醫生一臂之力
    https://www.mombaby.com.tw/pregnacy/notes/articles/4855

12.長庚醫院

http://www.chang-gung.com/featured-1.aspx?id=45&bid=5

13.AI 判讀醫學影像

https://health.udn.com/health/story/10561/3315559

14.人工智慧即將衝擊與改變現有醫療方式

https://www.ctimes.com.tw/DispArt/tw/AI/%E5%A4%A7%E6%95%B8%E6%93%9A/%E4%BA%BA%E5%B7%A5%E6%99%BA%E6%85%A7/%E6%A9%9F%E5%99%A8%E4%BA%BA/1804021543IS.shtml

15.AI 衝擊醫療業 9 大領域

https://www.bnext.com.tw/article/50656/ai-health-care-industry-report-9-trends

16.未來醫療圖

https://www.teepr.com/850067/tinayi/ 科技醫療革命 /

17.AI 人工智慧未來在醫療中能扮演怎樣的角色？

https://panx.asia/archives/59334

18.愛 ‧ 長照

https://www.ilong-termcare.com/Article/Detail/2866

19.數位時代 ‧ 酷品

https://www.bnext.com.tw/px/article/42494/softbank-robot-romeo-elderly-care-medical

20.自由時報

https://ec.ltn.com.tw/article/paper/1192627

21.科技橘報

https://buzzorange.com/techorange/2019/03/15/smart-hospital-for-elder/

22.Dubstep 理論研究院

https://zhuanlan.zhihu.com/p/20622202

23.維基百科

https://zh.wikipedia.org/wiki/AlphaGo

24.端聞

https://theinitium.com/article/20160309-dailynews-alphago/

25. engadget

https://www.engadget.com/2019/01/24/deepmind-ai-starcraft-ii-demonstration-tlo-mana/?guccounter=1&guce_referrer=aHR0cHM6Ly96aC53aWtpcGVkaWEub3JnLw&guce_referrer_sig=AQAAAFkrrt0lzQrCRltfnjqvzHgOYz_4gPcdnPlJhO_mdT6Vyiob-xN6fLHLwu9PcpacdPOuyHkro7oK_EOvMyqkT0VhAFHLJ-HKr46KklgU9OKxc86QJ_wHd6gKZ-hIFPUzwu0hgb89nYgaluzk1brimhkKhPuFrmJcod-TP2w-7U04

26. VOCALOID

http://www.vocaloid.com

27. CRYPTON

https://www.crypton.co.jp

28. 關注前沿科技

https://mp.weixin.qq.com/s/_ipt0oRQW4m1xw2VMhWC4w

29. The News Lens 關鍵評論

https://www.thenewslens.com/article/133300

30. TechOrange 科技報橘

https://buzzorange.com/techorange/2020/01/31/ai-predict-wuhan-pneumonia/

31. 中保無限 + 生活誌

https://www.sigmu.tw/articles/%E9%98%B2%E7%96%AB%E9%9B%99%E9%96%80%E7%A5%9E%E4%B8%AD%E4%BF%9D%E7%A7%91%E6%8A%80%E5%95%9F%E5%8B%95%E6%99%BA%E6%85%A7%E9%96%80%E7%A6%81%E3%80%8C3d%E4%BA%BA%E8%87%89%E8%BE%A8%E8%AD%98%EF%BC%8B%E7%86%B1%E9%A1%AF%E5%83%8F%E6%BA%AB%E6%B8%AC%E3%80%8D%E4%B8%80%E7%A7%92%E5%97%B6%E5%87%BA%E7%99%BC%E7%87%92%E5%93%A1%E5%B7%A5%E9%80%9A%E5%A0%B1%E4%B8%BB%E7%AE%A1

32. 臺灣研究亮點

https://trh.gase.most.ntnu.edu.tw/tw/article/content/113

33. Heho 健康

https://heho.com.tw/archives/78453

34. 新興科技媒體中心

https://smctw.tw/7752/

35. 中央研究院網站
https://www.sinica.edu.tw/ch/news/6487

36. 科技部全球資訊網
https://www.most.gov.tw/folksonomy/detail/f37996df-fb05-47fa-8590-5f6a8203c954?l=ch

37. 勤業眾信 (Deloitte & Touche)
https://www2.deloitte.com/content/dam/Deloitte/tw/Documents/about-deloitte/tw-Covid19/nl200505-covid19-lshc2.pdf

38. 風傳媒
https://www.storm.mg/lifestyle/408391?srcid=7777772e73746f726d2e6d675f36636537396632353264363730346265_1565123338

Note

Artificial
Intelligence
Literacy
And
The Future

（請由此線剪下）

讀者回函卡

填寫日期：　/　/

姓名：＿＿＿＿　生日：西元＿＿年＿＿月＿＿日　性別：□男 □女

電話：（　）＿＿＿＿　傳真：（　）＿＿＿＿　手機：＿＿＿＿

e-mail：（必填）＿＿＿＿

註：數字零，請用 Φ 表示，數字 1 與英文 L 請另註明並書寫端正，謝謝。

通訊處：□□□□□

學歷：□博士　□碩士　□大學　□專科　□高中・職

職業：□工程師　□教師　□學生　□軍・公　□其他

學校／公司：＿＿＿＿　科系／部門：＿＿＿＿

・需求書類：

□A. 電子 □B. 電機 □C. 計算機工程 □D. 資訊 □E. 機械 □F. 汽車 □I. 工管 □J. 土木

□K. 化工 □L. 設計 □M. 商管 □N. 日文 □O. 美容 □P. 休閒 □Q. 餐飲 □B. 其他

・本次購買圖書為：＿＿＿＿　書號：＿＿＿＿

・您對本書的評價：

封面設計：□非常滿意　□滿意　□尚可　□需改善，請說明＿＿＿＿

內容表達：□非常滿意　□滿意　□尚可　□需改善，請說明＿＿＿＿

版面編排：□非常滿意　□滿意　□尚可　□需改善，請說明＿＿＿＿

印刷品質：□非常滿意　□滿意　□尚可　□需改善，請說明＿＿＿＿

書籍定價：□非常滿意　□滿意　□尚可　□需改善，請說明＿＿＿＿

整體評價：請說明＿＿＿＿

・您在何處購買本書？

□書局　□網路書店　□書展　□團購　□其他＿＿＿＿

・您購買本書的原因？（可複選）

□個人需要　□幫公司採購　□親友推薦　□老師指定之課本　□其他＿＿＿＿

・您希望全華以何種方式提供出版訊息及特惠活動？

□電子報　□DM　□廣告（媒體名稱＿＿＿＿）

・您是否上過全華網路書店？（www.opentech.com.tw）

□是　□否　您的建議＿＿＿＿

・您希望全華出版那方面書籍？＿＿＿＿

・您希望全華加強那些服務？＿＿＿＿

～感謝您提供寶貴意見，全華將秉持服務的熱忱，出版更多好書，以饗讀者。

全華網路書店 http://www.opentech.com.tw　　客服信箱 service@chwa.com.tw

2011.03 修訂

親愛的讀者：

感謝您對全華圖書的支持與愛護，雖然我們很慎重的處理每一本書，但恐仍有疏漏之處，若您發現本書有任何錯誤，請填寫於勘誤表內寄回，我們將於再版時修正，您的批評與指教是我們進步的原動力，謝謝！

全華圖書　敬上

勘　誤　表

書　號		書　名		作　者	
頁　數	行　數	錯誤或不當之詞句		建議修改之詞句	

我有話要說：（其它之批評與建議，如封面、編排、內容、印刷品質等・・・）

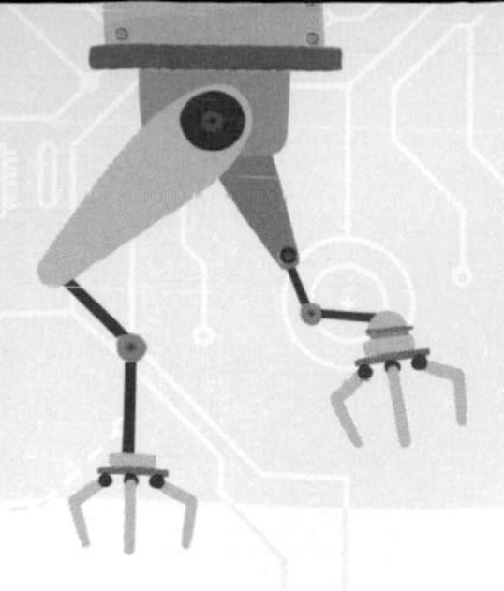

5. 請說明中國的「天網」監控系統如何能在演場會抓到通緝犯？

6. 人工智慧發展歷程大概分為誕生期、成長期、重生期及進化期四個階段，請簡述各個階段發生的重要事件。

7. 在人工智慧的發展歷程中，圖靈測試 (Turing Test) 是一個重要里程碑，請說明何謂圖靈測試？

8. 人工智慧的發展經歷兩次寒冬，請描述導致這兩次寒冬的原因。

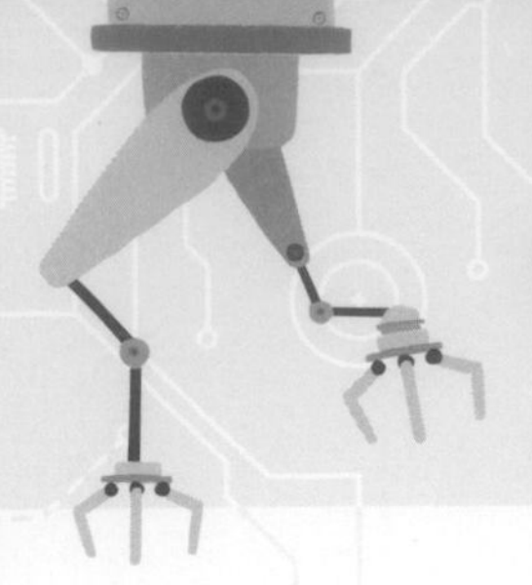

習題

人工智慧－素養及未來趨勢

班級：＿＿＿＿＿＿＿＿

學號：＿＿＿＿＿＿＿＿

姓名：＿＿＿＿＿＿＿＿

CH 1 人工智慧起源

1. 從 2016 年起，AlphaGo 陸續擊敗世界頂尖圍棋棋士，請說明 AlphaGo 使用的人工智慧技術及策略。

2. Apple iPhone X 智慧型手機所搭載的 Face ID，可算是人工智慧在智慧型手機上的代表性應用，請說明 Face ID 的運作概念。

3. 國內玉山銀行推出的「玉山小 i 隨身金融顧問」使用人工智慧技術，提供許多客製化諮詢以及多元金融服務，請以貸款服務為例，描述玉山小 i 如何協助客戶量身訂作最適合的方案。

4. Amazon Echo、Google Home 及 Apple HomePod 都是近幾年 AI 智慧音箱的代表性產品，請說明智慧音箱結合哪些人工智慧技術？

（請沿虛線撕下）

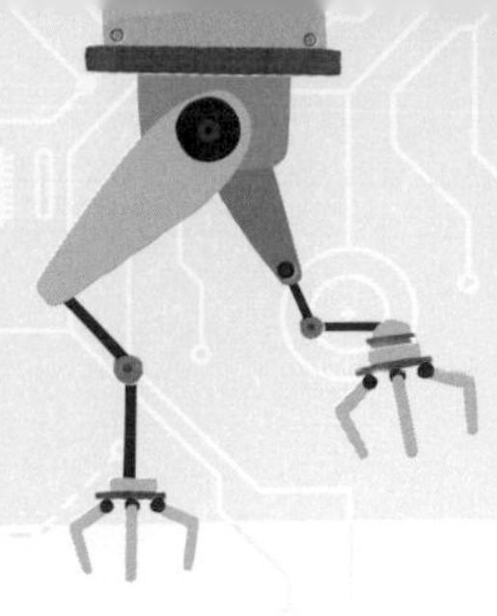

習題

人工智慧－素養及未來趨勢

班級：＿＿＿＿＿＿＿＿

學號：＿＿＿＿＿＿＿＿

姓名：＿＿＿＿＿＿＿＿

CH2 人工智慧與應用

1. 請舉出五個影像辨識的應用。

2. 請簡述車牌辨識的過程。

3. 請簡述自然語言處理是透過哪些步驟？

4. 請敘述聊天機器人是如何運行的？

5. 請舉例現今的聊天機器人類型有哪些？

6. 關鍵字與輸入法選字的優點是甚麼？

（請沿虛線撕下）

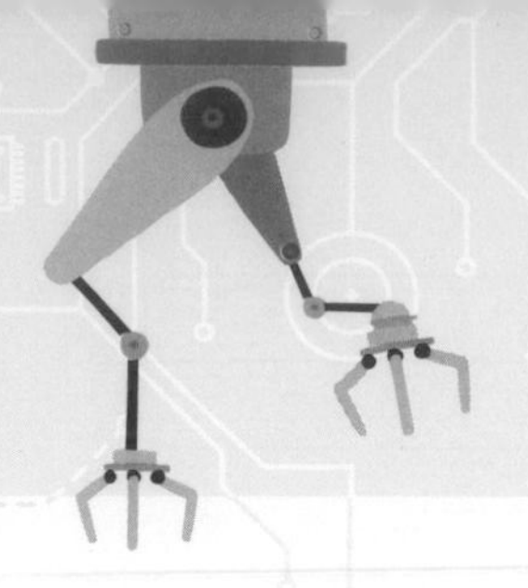

7. 請試著簡述邏輯原理？

8. Alpha Go 中使用的兩個神經網路與一個算法為何？

9. 承上題，請分別簡述各個神經網路與演算法？

10.「基於內容的推薦」(content-based) 的優缺點為何 (請舉出 2 個例子) ？

11.「協同過濾」的核心理念為何？

12. IBM 推出全球第一個人工智慧醫療相關系統，請問它的功用及名稱為何？

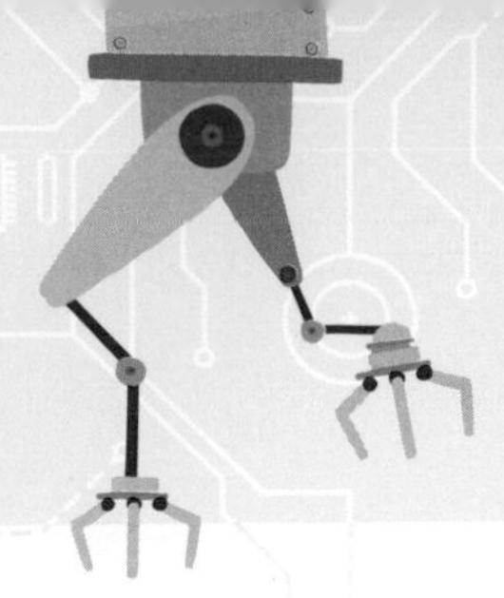

習題

人工智慧－素養及未來趨勢

班級：________________

學號：________________

姓名：________________

CH3 機器學習是什麼－分類篇

1. 請說明什麼是監督式學習？可以用來解決甚麼問題？

2. 請說明什麼是非監督式學習？可以用來解決甚麼問題？

3. 請說明什麼是強化學習？

4. 何謂過度擬合的現象？

（請沿虛線撕下）

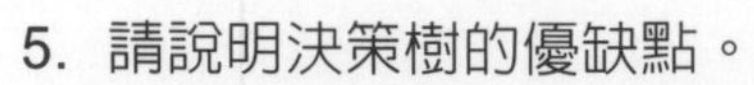

5. 請說明決策樹的優缺點。

6. 支持向量機主要的分類方法為何？

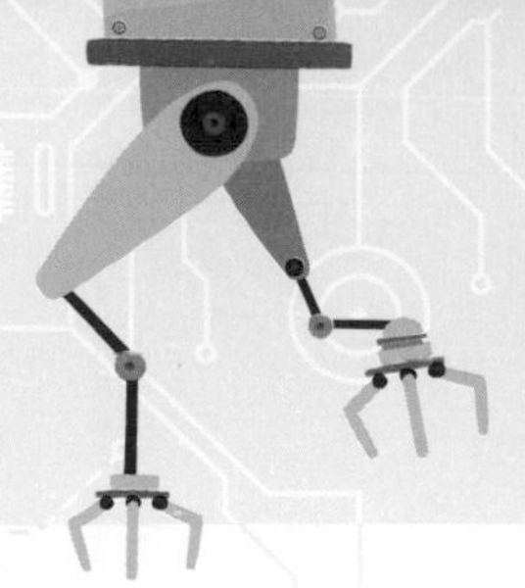

習題

人工智慧－素養及未來趨勢

班級：＿＿＿＿＿＿＿＿

學號：＿＿＿＿＿＿＿＿

姓名：＿＿＿＿＿＿＿＿

CH4 機器學習是什麼－分群篇

1. K- 最近鄰居法如何進行分類？

2. K- 平均分群法如何進行分群？可以用在哪些應用？

3. 描述 DBSCAN 如何進行分群？

4. 描述階層式分群法如何進行分群？

5. 說明什麼是關聯規則學習，應用在何處？

（請沿虛線撕下）

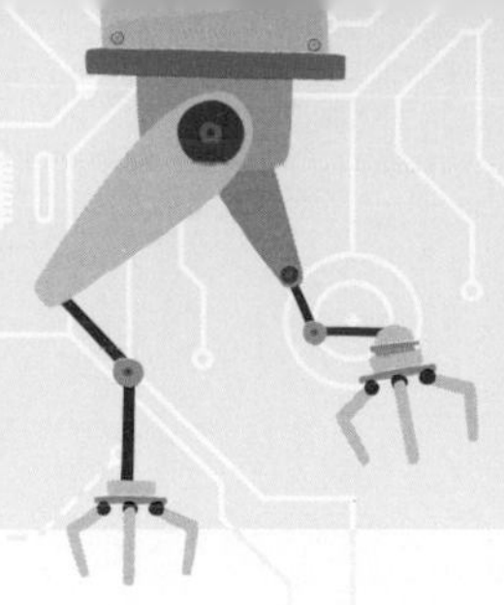

習題

人工智慧－素養及未來趨勢

班級：＿＿＿＿＿＿＿＿
學號：＿＿＿＿＿＿＿＿
姓名：＿＿＿＿＿＿＿＿

CH5 深度學習是什麼－淺談篇

1. 神經網路中的神經元的構造為何？

2. 神經元中的啓動函數用途為何？

3. 神經元中的 bias 用途為何？

4. 常見的啓動函數有兩種，請問為哪兩種？

5. 為什麼神經網路需要深度？

（請沿虛線撕下）

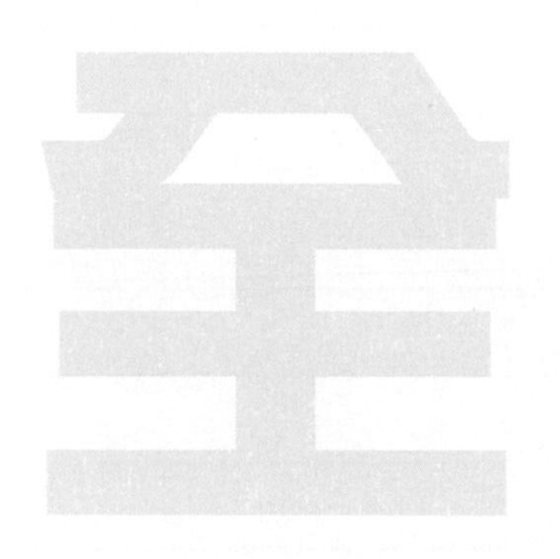

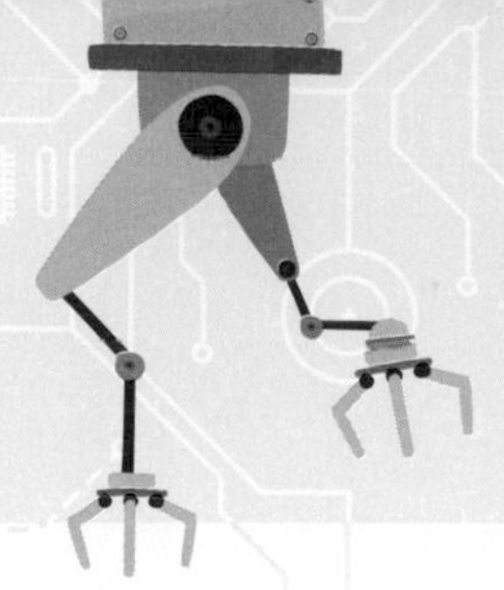

習題

人工智慧－素養及未來趨勢

班級：________________

學號：________________

姓名：________________

CH6 深度學習是什麼－探究篇

1. RNN 比起一般的神經網路加入何種功能？

2. 為什麼 RNN 比起其他神經網路更適合處理自然語言、關鍵字辨識等問題？

3. 請試著簡述 RNN 為何無法記住長久的記憶？

4. LSTM 比起 RNN 的優勢在哪裡？

（請沿虛線撕下）

5. LSTM 大致上可分為哪三個閘門？

6. 請試著簡述 LSTM 中遺忘閥門的功能？

7. 請試著簡述 LSTM 是如何將詞彙經過多個時序後不被淡化？

8. 請試著簡述多對一的遞歸神經網路用於情緒分析應用的輸入和輸出為何？

9. 請試著簡述不等長的遞歸神經網路擅長於處理何種應用？

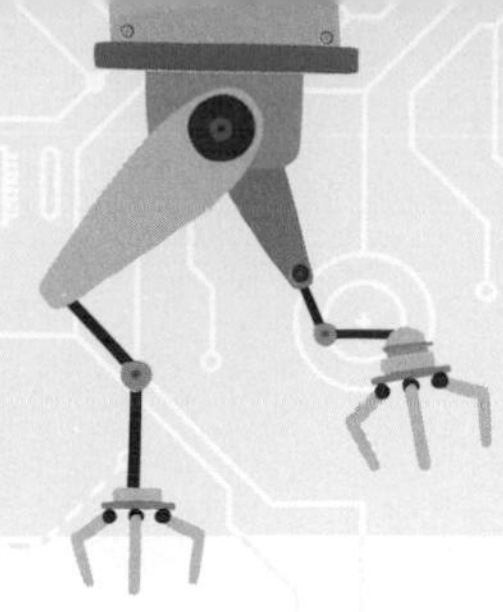

習題

人工智慧－素養及未來趨勢

班級：________________

學號：________________

姓名：________________

CH7 淺談生成對抗網路

1. 請試著說明 GAN 生成對抗網路的主要目的為何？

2. 請舉出兩個 GAN 生成對抗網路在現實生活中的應用例子？

3. GAN 生成對抗網路中主要的網路模型可分為哪二種？

4. 訓練生成對抗網路的流程為何？

（請沿虛線撕下）

5. 請試著說明條件是生成對抗網路與普通生成對抗網路之間的差異？

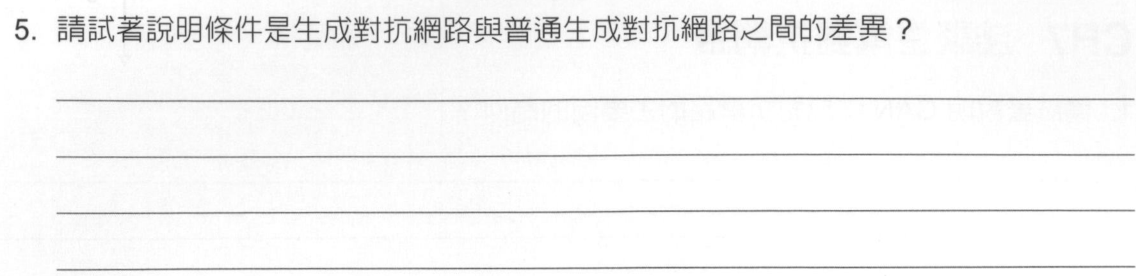

6. 請試著說明 GAN 生成對抗網路是如何改善模型準確度？

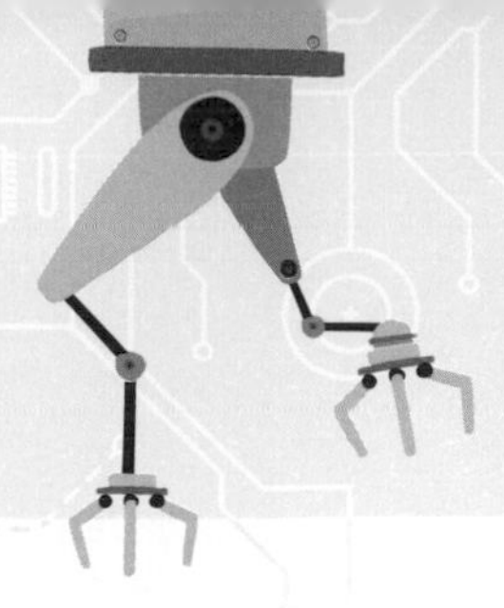

習題

人工智慧－素養及未來趨勢

班級：

學號：

姓名：

CH8 人工智慧的未來與挑戰

1. 何謂弱人工智慧？請舉例說明。

2. 何謂強人工智慧？請舉例說明。

3. 目前自動駕駛分級制度依據不同程度（從駕駛輔助至完全自動化系統）共分為六個等級。請問目前台灣較適合利用何種自動駕駛等級的車種？

4. 自動駕駛（無人駕駛）的優缺點為何？

5. 請試著舉出有關未來人工智慧帶給電影產業方面的改變，以及達成的方式或技術？

（請沿虛線撕下）

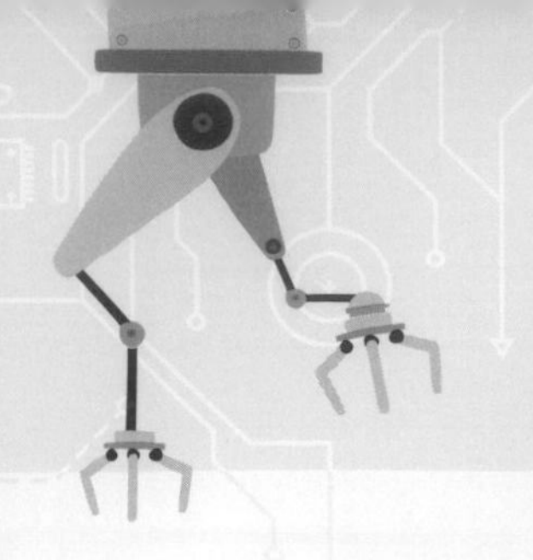

6. 人工智慧在醫療產業應用的 3 大面向有哪些？

7. 請寫出目前人工智慧應用在醫療領域中的案例？

8. 若 AI 發展越來越成熟，機器人教師對於教育產業會有什麼影響？

9. AI 指的是人工智慧，AI 正逐步融入居家應用，請舉出三個 AI 融入居家應用的產品，那 AI 融入生活中有甚麼好處以及壞處呢？為什麼？

10. 請思考並舉例說明 AI 機器人應用於養老所要克服的問題。

11. 請問哪種類型的工作較易被人工智慧所取代？